傳奇色彩的神話之劍

斬殺八岐大蛇得到的神劍

天叢雲劍

平安時代的斬妖之刃

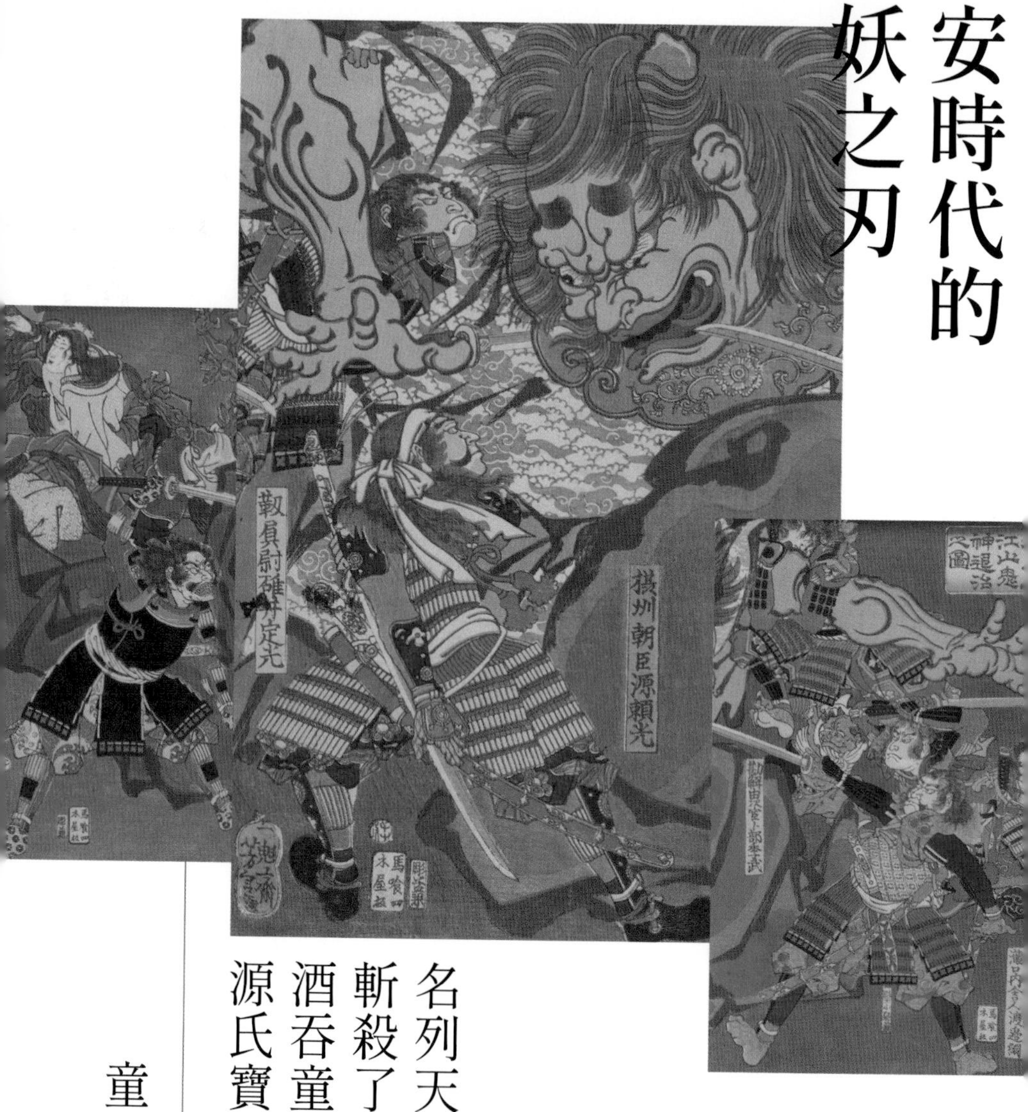

名列天下五劍，
斬殺了大妖怪
酒吞童子的
源氏寶刀

童子切安綱

征戰廝殺的戰爭之刀

©National Diet Library

源平合戰時流行適用於馬上騎射的太刀，懸掛在腰間以便隨時拔刀。

武士的象徵

©The Metropolitan Museum of Art

進入了和平的江戶時代後，日本刀成爲武士的象徵，以竹劍鍛鍊劍道。

隨時代演變的日本刀

1 直刀　無銘（水龍劍）　©ColBase

2 太刀　銘　備前國友成造　©ColBase

3 太刀　無銘　福岡一文字（北条太刀）　©ColBase

4 大太刀　青江の太刀　©真田寶物館所藏

1 奈良時代

古墳時代到奈良時代的日本刀劍，主要接受大陸文化影響，造型以單刃直刀爲主流，並且多爲無刀稜的平造刀劍。

2 平安時代

大陸文化的直刀，與東北地區傳來適合馬戰的蕨手刀，融合發展出單刃具有彎幅，造型優雅的細長太刀。

3 鎌倉時代

日本進入武士主政的時代，後期遭遇蒙古軍進攻，日本刀逐漸轉變爲刀身寬幅平均，剛健質樸講求實用性的造型。

4 南北朝時代

日本皇室分裂爲南北兩朝，武士爲了在戰場上彰顯武勇，發展出刀身巨大的大太刀，後來多被磨短爲打刀、脇差。

南北朝時代	鎌倉時代	平安時代	奈良時代
1333	1185	794	
古刀			上古刀

5
月山派打刀 ©The Metropolitan Museum of Art

6
刀 銘 九州肥後同田貫上野介 ©ColBase

7
刀 銘 長曽祢虎徹入道興里 ©ColBase

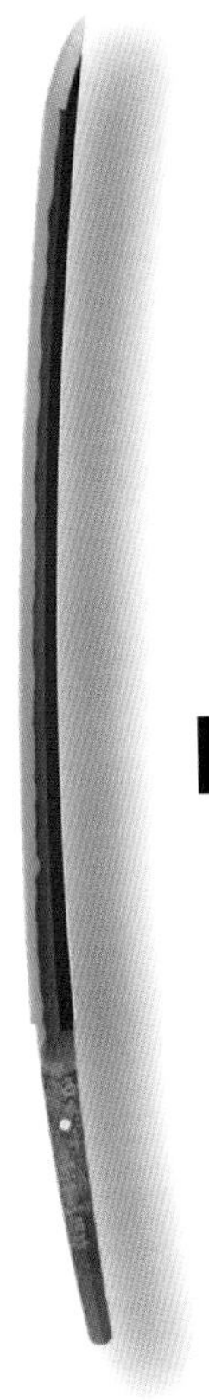

8
刀 銘 筑州住左行秀鍛之 ©ColBase

5 — 室町時代

爲了因應攻城戰、森林戰等各種突發戰況，比起不便裝卸的太刀，插在腰帶能夠隨時拔刀應戰的打刀受到武士歡迎。

6 — 安土桃山時代

日本在織田信長、豐臣秀吉主政年代走向統一。爲了滿足各地勢力的軍備需求，流行講求堅韌耐砍擊的厚實刀劍。

7 — 江戸時代前中期

由於江戸幕府規定刀劍的尺寸，加上劍道採用竹劍訓練，流行刀身筆直，接近刀尖才彎曲的先反造型。

8 — 江戸時代後期

十八世紀末期的刀匠倡導復古運動，推崇鎌倉時代的實戰型刀劍，在幕末的動盪時代成爲戰場的主流武器。

戰國時代

室町時代 | 1573 | 安土桃山時代 | 1603 | 江戸時代 | 1868

新刀 | 新新刀 | 現代刀

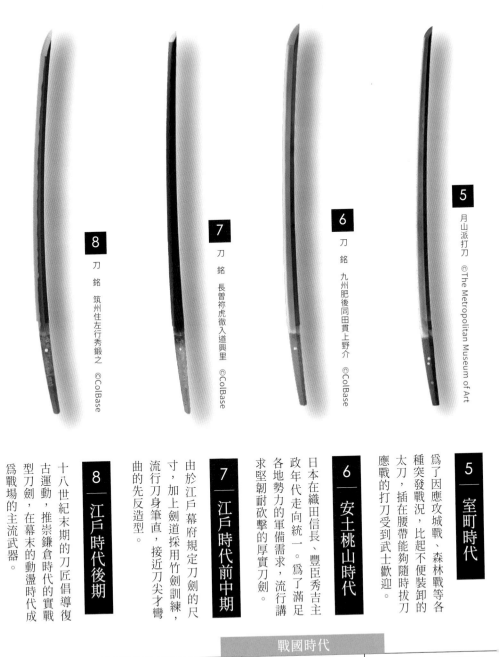

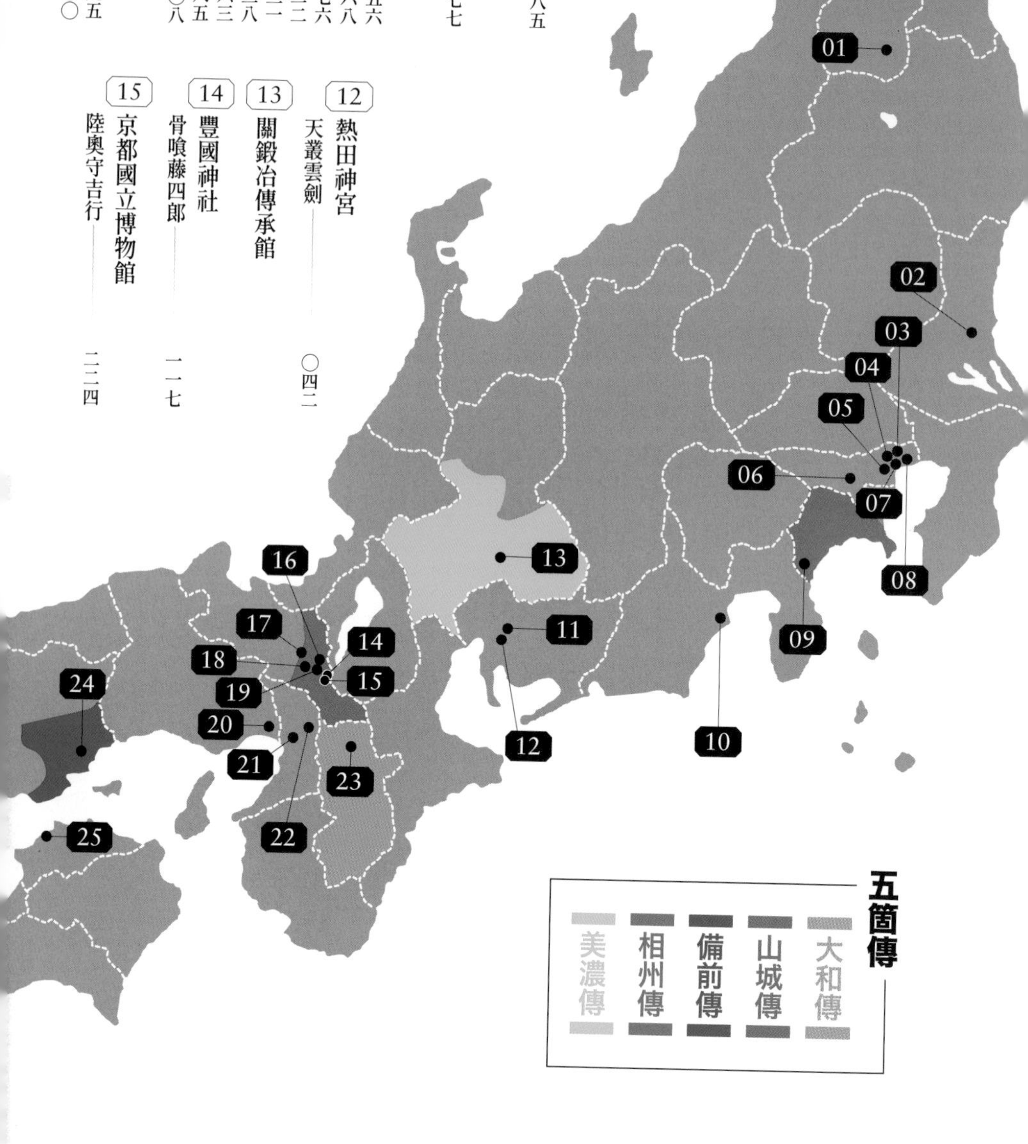
01
02
03
04
05
06
07
08
09
10
11
12
13
14
15
16
17
18
19
20
21
22
23
24
25
五箇傳
大和傳
山城傳
備前傳
相州傳
美濃傳

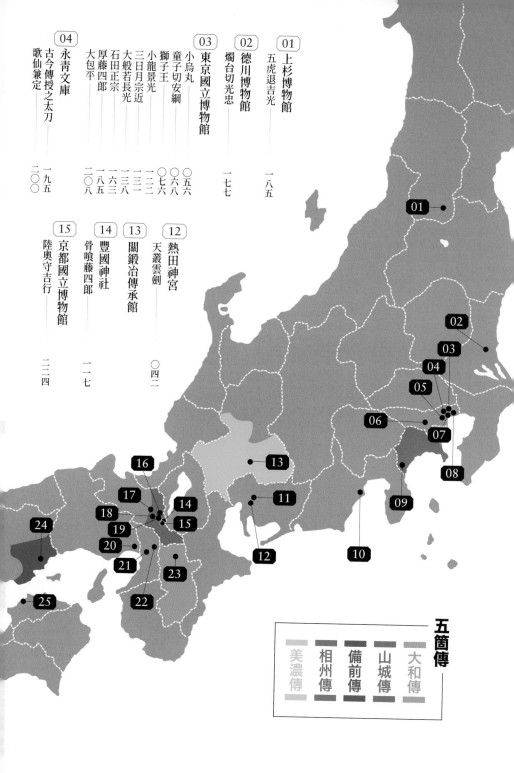

刀劍巡禮地圖（本書收錄刀劍）

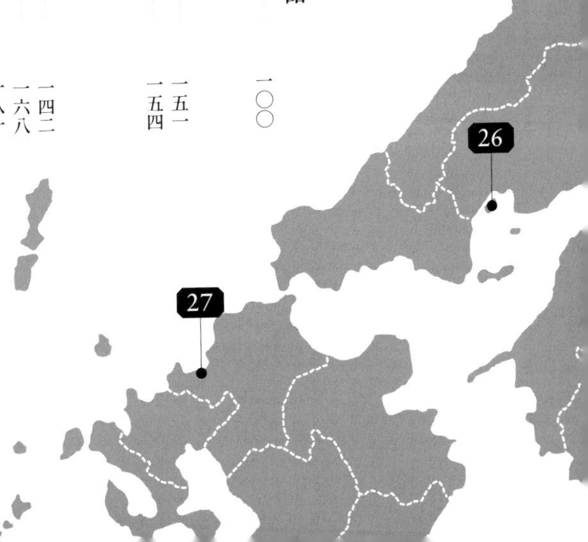

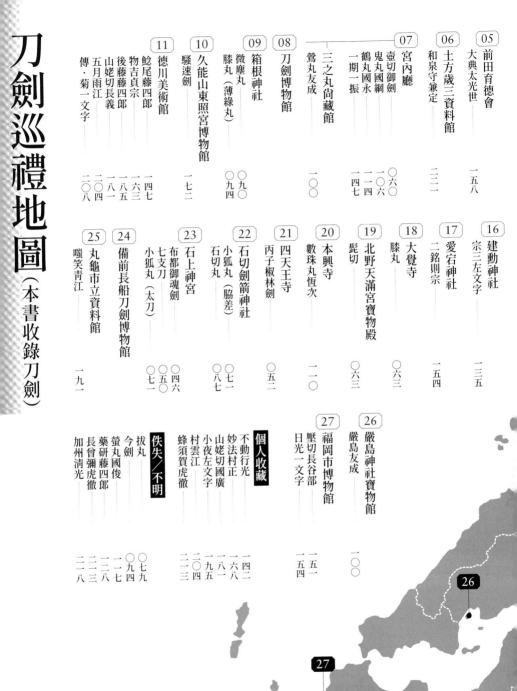

日本刀鑑賞

1 童子切安綱 ｜ 國寶／太刀 銘 安綱／東京國立博物館 藏 ©ColBase

2 獅子王 ｜ 重要文化財／太刀 無銘 大和物／東京國立博物館 藏 ©ColBase

3 三日月宗近 ｜ 國寶／太刀 銘 三条／東京國立博物館 藏 ©ColBase

4 大般若長光 ｜ 國寶／太刀 銘 長光／東京國立博物館 藏 ©ColBase

5 石田正宗 ｜ 重要文化財／刀 無銘 相州正宗／東京國立博物館 藏 ©ColBase

6 厚藤四郎 ｜ 國寶／短刀 銘 吉光／東京國立博物館 藏 ©ColBase

7 陸奥守吉行 ｜ 刀 吉行作 坂本龍馬遺物／京都國立博物館 藏 ©ColBase

TOUKEN MONOGATARI

A COMPREHENSIVE GUIDE TO JAPANESE SWORD

日本刀劍物語

月翔 著

目次

第二章 日本刀劍物語

第三章 刀的流派與名刀匠

前言

穿梭時空的日本刀神話

俗稱為武士刀的日本刀，在政治、文化、歷史、二次元創作等領域，都是足以代表日本的象徵。日本刀被視為武士的靈魂，成為劍豪小說、少年漫畫的主角手中，用來行俠仗義斬妖除魔的神兵利器。在東亞的歷史中，日本刀作為日本重要的貿易商品，販賣到大宋帝國、甚至東南亞各國。在學術研究中，美國學者露絲·潘乃德撰寫《菊與刀》來探討日本人。原本只是武器的日本刀，甚至化身為俊美男子的模樣，發展出《刀劍亂舞》這個具有龐大魅力與經濟影響力的ＩＰ。世界上所有歷史悠久的王朝與國家，都具備鍛造刀劍的技術，為什麼只有日本鍛造的刀劍，能夠跨越國境的隔閡，由實際的武器成為文化的象徵，甚至被稱為「日本刀神話」呢？

日本刀就像是啟動時光機的鑰匙，連接刀劍殺伐的遠古歷史，以及科技昌明的現代社會，最有名的例子就是日本三神器的天叢雲劍，又稱為草薙劍。這振刀是日本皇權正統的代表，可以追溯到日本的神話時代，甚至影響了源義經的人生。即使時間過了千年，仍然沒有任何照片記錄天叢雲劍的廬山真面目，但是在許多電玩遊戲或是漫畫，都能看到它的蹤影。風靡一時的大型機檯動作遊戲《吞食天地二》，日本的草薙劍與曹操的青釭劍，同時成為三國英雄的武器。日本從平成進入令和的那一年（二〇一九年），天叢雲劍的形代從熱田神宮送往東京，見證了新任天皇即位典禮的歷史性時刻。

一般人印象中的日本刀，大多是刀身彎曲的單刃刀，而不是武俠劇中俠客所使用的細長雙刃寶劍。但是日本三神器的天叢雲劍，很有可能是雙刃的直劍，造型甚至像是《尋秦記》中出現的古劍。其實在日本的刀劍史，早期的刀劍是不帶彎曲的雙刃直劍，甚至出現形狀像是火焰的奇特刀劍。西元五世紀的日本，當時的統治者並非天皇，而是被尊稱為「大王」的豪族聯合政權盟主。當時日本的鍛造技術遠遜於大陸文明，時下最尖端的武器，就是來自中國或是朝鮮半島鍛造的鐵劍，大王把鐵劍當作禮物，贈送給願意歸順的豪族。而擁有鐵劍的豪族，就像是擁有大王，甚至是中國這兩座靠山，真的是喊水會結冰、走路都有風。加上古人相信鐵劍具有辟邪的效力，在政治與宗教尚未分離的年代，鐵劍被視為同時具有權力象徵，以及具有宗教力量的祭器。

我們所知道的單刃且彎曲的日本刀，起源於平安時代，可以說是日本刀的黎明期。藉由遣唐使傳入日本的鍛冶技術，以及遠從西伯利亞、經過庫頁島與北海道傳入日本的鍛冶技術，兩者融合之後發展出單刃彎曲的日本刀。平安時代的人們，認為瘟疫與疾病來自妖魔作祟，具有辟邪效果的刀劍，自然成為武士斬妖伏魔的神劍。京都有源賴光用安綱鍛造的名刀斬殺酒吞童子，關東有藤原秀鄉斬殺百目鬼，這兩個傳說故事在千年之後，淺移默化影響了人氣漫畫《鬼滅之刃》。許多非官方的漫畫解說書籍，認為紫藤花家族來自斬妖的藤原秀鄉，具有斬鬼能力的日輪刀則受到童子切安綱的影響。

平安時代的刀劍，大多是貴族的傳家寶刀、或是朝廷武官守衛皇城的佩刀。不僅講求品質優良，就連造型與裝飾都必須講求美感。原本是技術輸入國的日本，到了平安時代末期竟然搖身一變成為技術輸出國，將日本刀作為商品外銷到大宋帝國，在技術與藝術性都能得到東亞大國的認證，就連唐宋八大家的歐陽修都對日本刀讚譽有加。在歷史的長河中，日本擋下橫跨歐亞的蒙古帝國入侵，經歷了群雄割據的戰國時代。在連年戰亂的時代，日本刀劍的鍛冶技術不斷精進改良。即使時間過了一千年，世界歷經了工業革命以及煉鋼技術的進步，人們講到世界上的刀劍，仍然把大馬士革刀與日本刀視為冷兵器的巔峰之作。難道現代科技再怎麼發展，也無法超越千百年前鍛造的刀劍嗎？難道日本刀的強大，只是一種貴古賤今的神話嗎？

其實日本刀的價值，已經不再是追求鋒利與堅韌的兵器，而是技術的傳承與藝術性。大馬士革刀的鍛冶技術已經失傳，日本刀的傳統鍛造技術，在千年間歷經戰火與現代科技的衝擊，仍然能夠被保存到今日，可以稱得上是鍛冶史的奇蹟。平心而論，現代技術鍛造的鋼材，物理特性與精純度當然勝過古法煉造的玉鋼。如果要談刀劍的物理特性，現代鋼鍛造的傑作自然不會輸給日本的傳世名刀。但論藝術性，現代鋼鍛造的刀劍則比不上古法鍛造的日本刀。

唯有玉鋼鍛造出來的刀劍，能夠呈現出摺疊鍛造技法產生的紋理，以及像是海浪、火焰等各種風格的刃文，還有刀劍鑑賞重點的沸與匂。在缺乏現代科技輔助，連鍛爐溫度都得靠目測的年代，刀匠藉由師承的技術與天賦，將傳統技術冶煉的玉鋼發揮到極限，製造出物理特性能與現代鋼材比肩、藝術性更勝一籌的刀劍。日本刀隱含的鍛冶技術、歷史傳承、藝術價值，以及背後的故事文化，才是日本刀受到工匠與藝術鑑賞家青睞的原因。

因為語言、歷史背景、鍛冶技術等隔閡，華文圈的讀者比較難閱讀日本的刀劍專書，或是難以掌握名刀之間的連結性、以及掌握鑑賞刀劍的要點。筆者身為通譯案內士，結合刀劍的鍛冶史、日本歷史名人的故事，以及刀劍鑑賞要點，希望能帶給各位讀者一場穿梭時空的刀劍之旅。

第一章

日本刀劍基礎知識

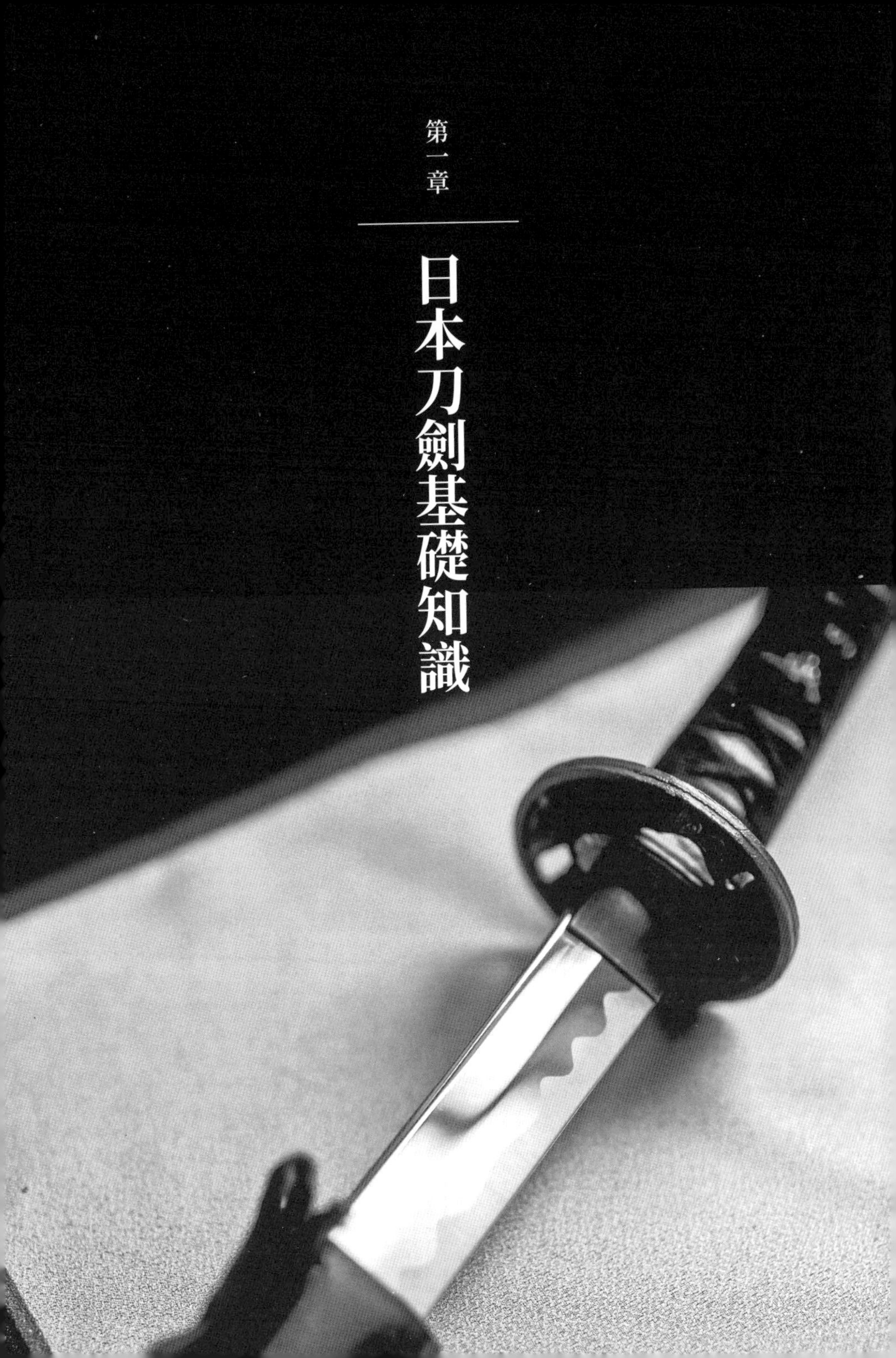

何謂日本刀？

在日本，「刀劍」是單刃刀與雙刃劍的統稱。刀劍鍛冶的技術由兩條路線傳入日本，一條是經由西方的朝鮮半島與周邊海路，將大陸文明的單刃刀與雙刃劍傳入日本。其中的單刃刀成為朝堂禁軍的主流武器，雙刃劍則作為宗教儀式的禮器流傳下來，導致日本人對「刀」與「劍」的定義越來越模糊。從華人的角度來看，可能會認為日本人刀劍不分吧，但這也意味著日本鍛造武器的技術逐漸走出自己的一條路。

另一方面，彎刀的文化從北方的庫頁島逐漸傳入日本。日本朝堂禁軍使用的單刃刀，與北方傳來的彎刀融合在一起，終於在平安時代後期奠定了彎曲且單面開刃的外型。此外，為了將古法鍛造的刀與現代技術鍛造的刀做區分，稱之為「日本刀」，也就是華人俗稱的「武士刀」。日本刀以「**振**」為計數單位，具有「不易折斷、不易因外力衝擊而彎曲、鋒利」的三大特色，與武士的文化相互輝映，成為世界冷兵器的代表作。

如果從造型來區分，有太刀、大太刀、打刀、脇差、短刀等各種類型，這些尺寸不一的武器出現的年代不同，擁有各自的歷史淵源。日本神話時代傳說的刀劍，進入古墳時代留下具有大陸文化色彩單刃鐵刀，平安時代貴族使用的細長且優雅的太刀、鎌倉時代驍勇善戰的武士使用的實戰型寬幅太刀、為了嚇阻敵人彰顯武勇的巨大野太刀、能夠適應各種戰局的打刀與脇差、用來護身的貼身短刀……本書將介紹這些刀的發展與背後的歷史故事。

太刀、大太刀、打刀、脇差與短刀的區別

關於太刀、打刀、脇差的區分方法，網路盛傳八〇公分以上為太刀、八〇到六〇公分為打刀、六〇公分以下為脇差。其實這是一個**僅供參考的粗略區分法**。這個區分法來自現代日本法律定義刃長六〇公分以上者為刀，六〇公分以下、三〇公分以上者為脇指（脇差），三〇公分以下稱為短刀。如果要強行套用在古代的日本刀上，一定會發生許多難以解釋的例外。

讓我們從刀劍發展的時代背景，來認識如何判斷日本刀的類型。首先最難區分的是太刀與打刀，這是在不同的年代，因應不同戰鬥需求所產生的武器。太刀的年代較早，

當時武士除了馬上騎射之外，在緊要關頭得直接在馬上拔刀廝殺，為了不妨礙射箭而將刀刃朝下懸掛在腰間使用。打刀的年代較晚，是為了因應隨時可能會發生的徒步戰而產生，武士將刀刃朝上插在腰帶之間，隨時可以拔刀應戰。總結來說，太刀和打刀之間沒有嚴格的長度區分，而是配戴的方法不同，因此在博物館會將太刀的刀刃朝下展示，打刀的刀刃朝上展示。

●懸掛在腰間的太刀

●插在腰帶之間的打刀

太刀的長度沒有標準答案，這是刀刃朝下懸掛在腰間的武器。比起刺擊為主的雙刃劍，太刀是用來斬擊的武器。一說認為日文的「太刀（たち／TACHI）」，源自日文的動詞「切斷（断ち切る／TACHIKIRU）」。

太刀是最早期的日本刀，大約在西元十世紀前後成形，平均的刃長大約在七五公分到八〇公分之間，但是長度與造型依照時代略有不同。

如前所述，網路流傳的八〇公分以上為太刀、八〇公分以下為打刀的說法，只是後世強加的粗略區分，例如國寶太刀**大般若長光**刃長七三・六公分，而太刀**日光一文字**刃長也只有六七・八公分。

大太刀在十四世紀的南北朝時代誕生，是當時為了彰顯個人武勇所發展的特殊武器。大太刀的長度同樣沒有嚴格的定義，通說認為尺貫法的整數三尺（九〇・九公分）以上是大太刀，後來越做越巨大，甚至光是刃長就有一八〇公分的巨型野太刀。但是大太刀的實際使用年代很短，許多大太刀在戰國時代被磨製成打刀或脇差。至於九〇公分以上為野太刀的說法，應該是現代度量衡換算去零頭的俗說。

打刀是刀刃朝上插在腰帶之間的武器，便於隨身攜帶且隨時可以拔刀戰鬥，在江戶時代與**脇差**配成一組，合稱為**大小刀**。但是個子比較小的脇差和大太刀同屬南北朝時代的產物，算是打刀的前輩。脇差原本單指貼身攜帶的刀，是江戶時代才被和打刀一起送作堆。原本兩者都沒有長度的限制，在江戶時代為了統一規格管理，才訂下打刀二尺三寸（約六九・七公分）、脇差則是刃長二尺（約六〇・六公分）以下的標準。

刀劍的種類

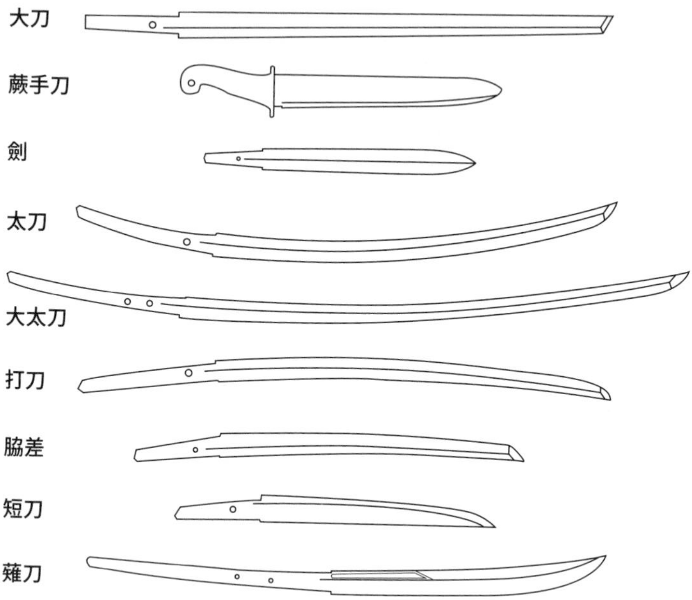

除了打刀、脇差之外，還有長度很類似的**小太刀**，通常是用來增添威儀的儀式用刀，長度大多是二尺二寸（約六六．六公分），只比打刀短個三公分左右。不過，有一振供奉在日光二荒山神社的小太刀，刃長不及六〇公分，如果用現代日本法律規定的六〇公分、三〇公分做標準，就會打刀、小太刀、脇差傻傻分不清楚。但只要從佩刀的方法來看，就能知道小太刀是掛在腰間、打刀則是插在腰帶上。

短刀則是一尺二寸（約三六．四公分）以下的防身武器。除了雙刃的短刀，還有一種是刀身窄而厚重的**鎧通**，顧名思義是為了刺穿敵人鎧甲所特製的刀。短刀的造型通常沒有刀稜，在江戶時代經常作為嫁妝的護身刀。

日本的刀劍史還有稱為「**大刀**」的武器，這是受到大陸文化影響的直刀，通常只有單刃，而且刀身沒有彎幅。

另外還有名為**薙刀**和**長卷**的長柄兵器，薙刀源自平安時代，與太刀同期；長卷則改良自大太刀，外型像是長棍前端插上刀，並綁上繩索以便手持，因而得名。戰國時代流行將薙刀、長卷磨成打刀或是脇差，最有名的例子就是從薙刀被磨製成脇差的**骨喰藤四郎**與**鯰尾藤四郎**。因為薙刀與長卷的刃長大多在二尺（約六〇．六公分）以下，直接磨窄作為脇差使用的話，造型會受限，所以這兩振刀的造型與其他脇差大異其趣。

古刀、新刀、新新刀與現代刀的區分

日本刀除了以外型來區分之外，還有按照時代劃分的分法。其中以「**古刀**」最多采多姿，遠從九世紀的平安時代到十六世紀末期，長達八百年的時光之間誕生的刀劍都歸在此類，從斬妖伏魔的**童子切安綱**，一直到戰國大名織田信長愛用的**宗三左文字**，這些刀劍迷朗朗上口的名刀大幾乎都是古刀。

因為當時的運輸技術不發達，刀劍的技術受到原料供給、各地風土文化影響很大，產生了風格迥異的五大鍛刀系統，大和國（奈良縣）、山城國（京都府）、備前國（岡山縣）、相模國（神奈川縣）、美濃國（岐阜縣）這五個令制國的鍛刀文化最興盛，衍伸出五大流派——大和傳、山城傳、備前傳、相州傳、美濃傳，合稱為「**五箇傳**」。

「**新刀**」則是十六世紀末期到十八世紀約兩百年間的刀劍，此時已經進入了豐臣政權和江戶幕府統一日本時代，天下局勢大致安定，只有前期發生了幾場戰爭。在大一統的政權之下，鋼鐵的供給變得穩定，原本山頭林立的刀派在江戶與京阪這幾個大城市產生交流，融合各派之長的日本刀雖然越來越華麗，但是陷入了僵化停滯的階段。大概就數長曾彌虎徹、堀川國廣、越前康繼等幾位刀匠特別出名，不像古刀那樣百花齊放。

「**新新刀**」是江戶時代刀匠的文藝復興，從十八世紀後期開始到大政奉還的近百年間，日本刀界興起復古運動，水心子正秀提倡回歸鎌倉時代，驍勇善戰的武士之刀的風格。當時日本進入動盪的幕末時代，面對外國列強叩關，武士對於救國救民的理念不盡相同，進而分出派系。無論是擁護幕府的新選組，或是主張打倒幕府由天皇主政的勤王志士，紛紛學習劍術，拔刀為信念而戰，讓日本刀在這個時代重新登上舞台。

「現代刀」則是日本刀浴火重生的產物，為了要挽救即將失傳的日本刀文化，日本的刀劍界決定將日本刀定位為具有藝術價值的傳統工藝品。各位讀者可能覺得奇怪，不管是日本的動畫遊戲甚至就連好萊塢電影都把日本刀當作冷兵器的頂點，怎麼會說日本刀一度面臨失傳的危機呢？其實距今一百五十多年前，日本在明治維新之後積極學習西方文明，將許多古傳的日本刀改為西式軍刀，曾經捨棄古法改用現代鍛冶技術。加上第二次世界大戰結束後，駐日盟軍總司令部下令接管軍方與民間收藏的日本刀，許多寶貴的名刀因此消失。

日本為了保存流傳千年的鍛造文化，以不牴觸法律對於刀械的限制為前提，重新發展講求藝術價值的「現代刀」。讓古法鍛造的刀擺脫武器的身分，以美術品的形式傳世。因此現代的日本刀，特別講求使用傳統的材料玉鋼、採用摺疊鍛造的古法，延續能夠形成美麗刃文的燒入技法。

鍛造刀、居合刀、模造刀與保養方法

人的生活一定會接觸到刀具，不知道各位讀者有沒有想過，為什麼超市的廚刀價格落差那麼大？刀的性能與價格，和鍛造的技術、使用的材料有很大的關係。如果是一般便宜的量產廚刀，用普通的不銹鋼經過沖床成型及機器研磨就可以完成，成本低廉並能夠快速且大量生產。而昂貴的手工鍛造廚刀，是刀匠以動力錘或人工鎚打，材質用的是高級的鋼材，自然價格不斐，還需要保養。

為什麼鋒利的鍛造刀需要定期保養？簡單來說，具有防鏽功能的不銹鋼刀，使用的材料是含有鉻的合金鋼，而鍛造刀則需要盡量純淨的鋼。可是鋼是容易氧化生鏽的材質，所以不論是古代流傳下來的名刀，或是現代刀匠鍛造的手工刀都需要定期保養。日本刀的保養道具有拭紙、打粉、刀劍油、油紙、目釘拔等五樣工具。

我們平常看到的華麗刀鞘稱為拵，被稱為是刀的禮服，白鞘則是讓刀休息的家居裝，因此刀平常收納在白鞘中。保養日本刀的時候，首要任務就是將戒指、手錶等可能刮傷刀劍表面的飾品取下。對刀行禮後，將刀從白鞘中取出，並使用目釘拔將刀身與刀柄分開。接下來使用油紙將附著在刀身上的灰塵、油擦拭乾淨。將打粉輕輕撲在刀身，用拭紙由刀的底部往刀尖順向擦拭兩三次。打粉是具有吸水功能的細質砥石粉，必須順向擦拭不能來回擦拭。最後以油紙沾上刀油，同樣順向在刀身上抹上一層均勻的刀油，形成阻絕空氣與水分的薄膜來保護刀劍。保養與鑑賞完畢後，將刀納入朴木製的白鞘中。

以上的日本刀保養法僅供參考。因為鍛造刀價格不斐，最起碼半年要保養一次，如果向專門刀店購買鍛造刀的讀者，一定要記得向刀店詢問詳細的保養方式。

除了價格昂貴的手工鍛造刀之外，一般人最容易接觸到的是居合刀與裝飾用模造刀。兩者的製作方法大同小異，大多以鋅（亞鉛）合金或是鋼為材料打造刀身，並在外部鍍上防鏽用的材質。居合刀是學習居合道等武術使用的刀，通常會依照使用者的性別、身高來製作適合的居合刀，因此比起模造刀，居合刀價格較高但是揮刀時的重心較穩定。至於一般市售的模造刀則是大量生產的裝飾品，通常用在擺飾，或是參加角色扮演活動使用。

居合刀和裝飾用模造刀的外層是鍍上的防鏽層，不能研磨、也不適合用打粉來保養，以免發生鍍層剝落腐蝕內部的情況。只要用乾淨的布擦拭灰塵，適度塗抹刀油就可以防鏽。如果是居合刀的話，建議使用刀店販售的刀油，一般裝飾用模造刀用針車油保養也無妨。

關於居合刀與裝飾用模造刀，還有一個需要提醒各位讀者的重點。如前所述，居合刀是用來練武的產品，在刀身的重量和重心位置，刀柄的長度與粗細都有講究。而日本或是台灣的藝品店賣的裝飾用模造刀沒那麼講究，如果用來練習居合，很可能會因為施力不當而導致手腕受傷。想要學習居合道等武術的話，建議請老師介紹刀具店購買居合刀比較適當。如果是角色扮演等用途，使用一般的裝飾用模造刀即可，但要注意拔收刀等動作不要太猛，免得傷了手腕。

除此之外，無論是居合刀或是裝飾用模造刀，外型都容易引起民眾恐慌，外出時務必裝在刀袋內，並且在適當的場所使用，避免造成不必要的問題並引起社會反感。前幾年在日本曾經有舞台劇演員，排演戲劇時不慎被模造刀刺傷而過世，千萬不可輕忽。

推薦給新手的刀劍鑑賞指南

不論在日本或是台灣，都有實際接觸並鑑賞日本刀的機會。除了本書附錄所介紹的「刀劍聖地之旅」外，在日本有刀劍鑑賞會，或是向刀匠預約拜訪參觀，這類活動通常需要收費；而在台灣則需要向代理刀劍的商家或是刀匠預約。筆者曾經帶團到日本，參觀岐阜縣關市第二十五代藤原兼房鍛鍊場，以下根據當時的經驗，分享刀劍鑑賞須遵守的基本禮儀。

首先要拿下手錶、戒指之類可能會刮傷刀劍的裝飾品。油脂和汗水也容易讓刀劍受損，最好先用手帕將手部擦拭乾淨。除了手握刀莖部分之外，不能碰觸刀身其他部位，即使是沒有危險性的刀背也不行，畢竟鑑賞者並非刀主，隨意摸刀是非常失禮的事。手持刀劍鑑賞時要保持沉默，說話時的細微飛沫，可能會造成刀劍生鏽。無論是前往日本參觀，或是在國內參觀刀劍時都應該注意這些細節。

鑑賞刀劍有三大重點，分別是「姿」、「地肌」、「刃文」。「姿」是刀劍的形狀；

各部位名稱

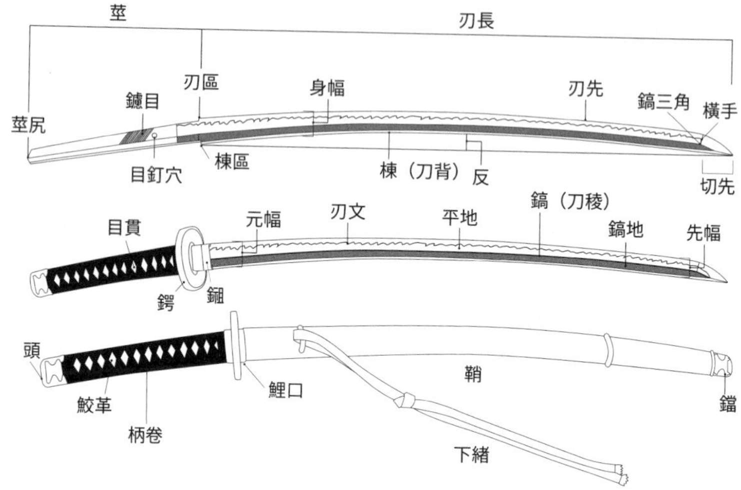

「地肌」是玉鋼在刀匠的摺疊鍛造之下，刀身產生的紋路與質感；「刃文」是刀在熱處理（燒入）階段，抹上燒刃土在鍛爐加熱後，放進水中淬火時產生的紋路。如果用臉部化妝來比喻，姿是臉龐的輪廓線，地肌是肌膚上的粉底，刃文則像是眼線或是口紅。

關於鑑賞的難易度，筆者認為「姿」最易懂，而「刃文」和「地肌」需要長期觀察才能掌握鑑賞的技巧。建議先找自己有興趣的刀，掌握同一個刀派共通的特色之後，再和其他刀劍比較更容易理解。

刀之「姿」

「姿」是刀劍的形狀。對於剛開始學習鑑賞刀劍的人，最容易理解的是刀的彎曲弧度，日文稱之為「**反**（そり／SORI）」。首先，觀察眼前的這一振刀是直刀還是彎刀，彎曲弧度是大是小。如果彎曲幅度很大稱為「深反」，彎曲幅度不大的則稱為「淺反」。通常平安時代的太刀大多屬於深反，如卷頭彩頁收錄的三日月宗近、童子切安綱等名刀。江戶時代的打刀多屬於淺反，如長曾彌虎徹興里。

第二步，判斷刀刃彎曲弧度的中心位置，主要分為「中反」、「先反」、「腰反」三大類。因為在計算日本刀的長度時，刀刃和刀莖的長度是分開測量的。所以在判斷刀的彎幅中心點時，通常只看刃長而不包含刀莖，也就是從刀尖（切先）到刀刃的基部（棟區）的長度。

如果彎弧的中心點落在刀刃的中央，呈現前後對稱的協調弧形，即稱為「**中反**」，往下還能再細分為「輪反」、「鳥居反」、「京反」等稱呼。一般認為京都山城傳的刀劍大多屬於此類；如果彎弧的中心點比較接近刀刃基部，則稱為「**腰反**」。例如卷頭彩頁收錄的三日月宗近、獅子王都是很明顯的例子；如果一振刀從基部筆直延伸出去，接近刀尖才開始產生彎曲就屬於「**先反**」。戰國時代後期到江戶時代的刀匠，大多採用此種造型。

和中反、腰反比起來，先反相對好辨認。筆者曾經聽一位博物館員解說，除非刀匠刻意要凸顯中反，否則中反和腰反其實非常難辨別。因為刀莖的造型或是刀身的寬度變化，都會影響視覺判斷。二〇一八年在京都國立博物館舉辦的《京之刀劍》特展，就採用了這樣的新說法。

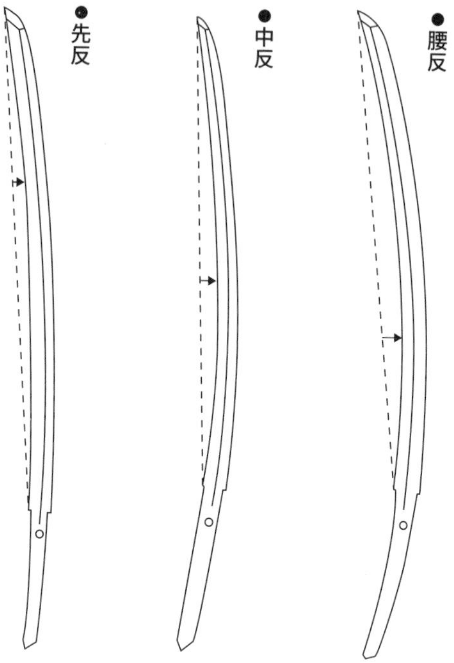

第三步，建議鑑賞刀的寬幅，從刀刃到刀背（棟）之間的寬幅稱為「**身幅**」。有些刀

刃的基部很寬，越往刀尖的方向就明顯地變細，而這種逐漸變細的刀充滿著優雅的氣息，大多屬於平安時代貴族公卿的佩刀。舉例來說，**三日月宗近**就是非常明顯的例子，這振刀在刀刃基部的寬幅（元幅）是二．九公分，靠近刀尖的寬幅（先幅）則只剩下不到一半的一．四公分。

如果刀的寬幅變化不大，則是屬於武士的刀，這類型的刀劍外觀霸氣，具有方便修復的優點。在鎌倉時代，日本曾經受到蒙古軍渡海攻擊，像前述三日月宗近那種細長的刀在戰爭中很容易折損且難以修復，因而演變出這種刀幅較寬的刀，萬一刀尖折斷了還能研磨繼續使用。因此這個特徵在受到鎌倉幕府扶植的相州傳刀劍最明顯，例如卷頭彩頁收錄的**石田正宗**就是很具代表性的例子。石田正宗在刀刃基部的元幅約二．七九公分，刀尖附近的先幅則是二．一二公分，寬幅落差不大，刀背甚至還留有幾處實戰的切痕。

接下來觀察刀身構造。典型的日本刀有一條像是山脈稜線的刀稜（鎬筋），這是刀刃最厚重的部位，具有刀稜構造的刀被稱為「**鎬造**」，而從刀背到刀刃呈現一直線沒有刀稜者則稱為「**平造**」。日本一開始受到大陸文化影響，以平造為主流，過渡期是切刃造的丙子椒林劍、鋒兩刃造的小烏丸，最後才發展出「**鎬造**」，因此鋒兩刃造的小烏丸又被稱為日本刀之父。至於平造的技術則保留在短刀上，如卷頭彩頁收錄的**厚藤四郎**就屬於平造。

鎬造刀從刀稜一路延伸到刀尖前有個三條線交接的點，這個點稱為「**鎬三角**」，是用來鑑賞刀尖的重要參考點。鎬三角到刀刃的直線稱為「**橫手**」，橫手到刀尖頂點的區域稱為「**切先**」，依照切先的長度分為大切先、中切先、小切先，如果是切先和橫手的長度相當且彎弧飽滿，稱為豬首切先，代表作是卷頭彩頁收錄的**大般若長光**。

至於刀身上的溝槽（**樋**），一般俗稱是用來放血的血槽，避免刀刺進人體之後拔不出來，然而這應該只是都市傳說。溝槽真正的用途是降低刀的重量，從力學角度來看，還有分散衝擊力的效果，類似現代建材常用的H鋼。藉由分散刀身承受的衝擊力，避免刀身彎曲或是在受力點產生裂痕，兼具了減輕重量與分散衝擊的優點。單純追求堅硬與鋒利的刀，如果沒辦法分散衝擊力，就很有可能斷成兩截。

除了溝槽之外，為了講求美觀與神佛庇佑，部分刀匠會在刀身雕不動明王，或是象徵明王化身的俱利迦羅龍王、密教的法器三鈷柄劍，祈求神佛保佑刀劍的主人能夠旗開得勝。

此外，刀背（棟）依照鍛造方法不同，分為三角形刀背的庵棟、圓弧形刀背的丸棟、或像是梯形的三棟。

刀之「刃文」

刃文是刀刃周遭經過淬火產生的紋路，也是日本刀最醒目的部分。有筆直的刃文、有像是海浪的刃文，有的刃文只出現在刀鋒邊緣、有的幾乎布滿半個刀身。刃文除了美觀之外，也有強化刀體的功能。

世界上所有的刀劍都會碰到**硬度**與**韌性**的兩難，刀刃越堅硬越容易研磨，但是太過堅硬則無法分散衝擊力，容易產生缺口甚至斷裂。要是為了提升韌性來對抗衝擊力，刀就不夠堅硬而不容易磨得鋒利。日本刀為了解決這個兩難的困境，用具有韌性的鋼作為刀芯，堅硬的鋼則包覆在外作為刀刃。但是兩種不同特性的鋼如果沒辦法順利接合在一起，有可能會在遭受撞擊之後分成兩塊。

古代的日本刀匠，發現只要在刀刃到刀稜之間由薄到厚地塗上燒刃土，從刀稜到刀背厚塗燒刃土，再把刀放進鍛爐加熱後放進水中急速降溫的做法。如此一來，不僅能讓兩種不同特性的鋼順利接合在一起，還能讓薄塗燒刃土的刀刃變得堅硬，厚塗的刀稜與刀背則抑制溫度維持韌性，鍛造出一振兼具銳利與韌性的刀。而且此舉還能讓鋼的結晶組織產生變化，產生名為「**麻田散鐵**」的結構，細小的麻田散鐵就是讓日本刀具有美麗刃文以及鋒利特性的關鍵。關於刃文的科學原理，留待第四章「日本刀的鍛造與科學」進一步解說。

刃文主要區分為兩大類。首先是與刀稜平行的直線「**直刃**」，依照刃文的寬度細分為細直刃、中直刃、廣直刃，卷頭彩頁收錄的獅子王就是很好的例子。目前傳世的名刀大多同時具備好幾種刃文，刃文單純屬於直刃的刀非常稀少，例如卷頭彩頁收錄的童子切安綱的刃文乍看好像直刃，但又帶有一點小波浪，稱為「**小亂**」。

另一大類是明顯帶著不規則紋路的「**亂刃**」，延伸出十餘種分支，其中最有名的三種分支是「丁子」、「互目」、「灣刃」。

「**丁子**」的語源來自熱帶的香料丁香，這種香料的形狀看起來像下窄上圓的圓頭釘子，而刃文的模樣就像是許多丁香並列的不規則彎曲；更進一步演變成像是花瓣的「重

刃文的種類

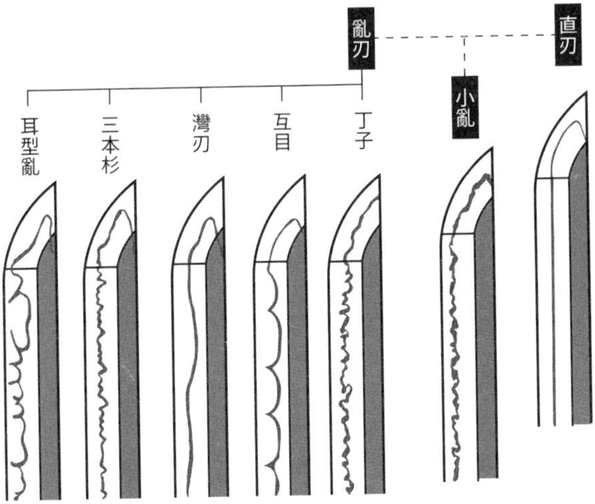

花丁子」。卷頭彩頁收錄的大般若長光同時具備丁子、互目兩種刃文，非常值得參考。

「**互目**」是帶有規則性彎曲的刃文，外觀看起來像是排列在一起的念珠，卷頭彩頁收錄的石田正宗是很容易辨認的例子。進一步演變出鋸齒狀的「尖刃」、像是三杉木並排的「三本杉」，源自美濃傳的和泉守兼定是代表作。像是受風吹拂倒向同一側的彎曲刃文稱為「肩落互目」。

「**灣刃**」有風平浪靜的「直灣」，或像波濤洶湧的「濤瀾亂刃」。

以上這些刃文，大多是表現在刀刃到刀稜之間，如果刃文從刀刃越過刀稜延伸到刀背，則稱為「**皆燒**」；而刃文若出現在刀刃跟刀背（棟）兩側，則稱為「**棟燒**」；在刃文的外側如果有像是濺起的水珠，則稱為「**飛燒**」。

在刀尖（切先）的刃文稱為「**帽子**（鋩子）」，依照刃文的形狀分為圓頭的「丸帽子」，像海浪的「灣帽子」，像被掃把掃過痕跡的「掃除帽子」，不規則彎曲看起來像是佛像輪廓的「地藏帽子」。

隨著鍛刀技術的交流，刀劍經常同時兼具好幾種不同刃文。原本屬於技術輸入國的日本，活用「燒入」提升刀劍的品質與外觀，甚至將日本刀外銷到宋帝國，得到歐陽修寫詩稱讚「寶刀近出日本國，越賈得之滄海東」。

刀之「地肌」

對剛入門的刀劍鑑賞者來說，下一個難關就是「地肌（又稱為地鐵）」，也就是玉鋼呈現的色澤與質感。日本刀的原料玉鋼在經過摺疊鍛造之後，會產生帶有層次的紋路。成語說百鍊成鋼，雖然摺疊鍛造越多次，就能讓地肌越有層次越細緻，但是過度鎚打會影響刀劍的含碳量，反而降低了刀劍的實用性。如何兼顧刀劍的實用性與美觀，考驗著刀匠的經驗傳承與天賦。

地肌主要分成三大類，語源都與木工的詞彙相關。第一種常見的地肌是「**柾目肌**」，紋路像是木板的直紋。「柾目」在日文指的是端正筆直的木紋，但是「柾」對應到中文的讀音和意思則是「柩」。因此有人取其字義唸成「正」目肌，有人取其字音唸做「柩」目肌。

第二種常見的地肌是「**板目肌**」。板目用中文比較難理解，日文的語源是自然彎曲的木材紋路，形狀像是流水或是群山，木工也把這種紋路稱為山紋。若只是略帶不規則山紋變化者，則稱為「小板目肌」。

第三種常見的地肌是「**杢目肌**」，杢目是帶有年輪般的圓圈紋。因為每個年輪的形狀都不同，引申出珍稀獨特的含意。對應到中文時，有一說「杢」在異體字字典的發音和「傑」相同，但意思是木椿。因此有人取字義唸做「木工」目肌，有人取字音唸做「傑」目肌，基本上只要能夠溝通就好。

地肌的種類&其他刃文

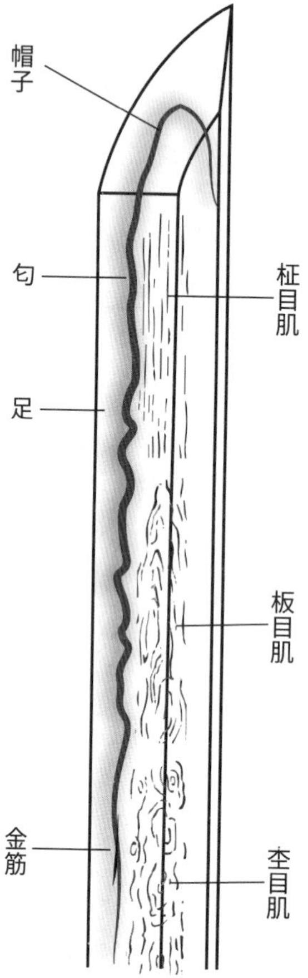

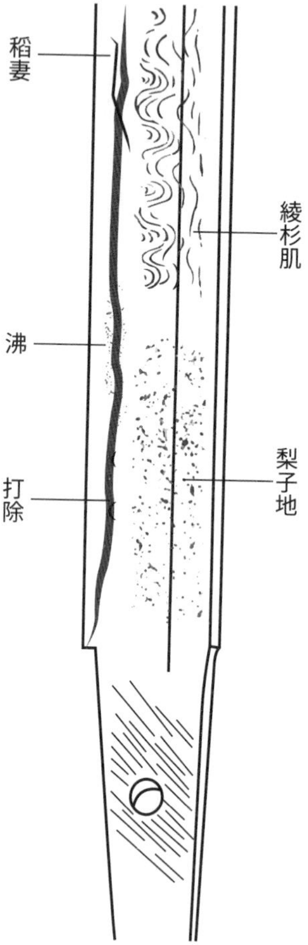

另外還有兩種常見地肌，「**綾杉肌**」是規律起伏的海浪波紋；「**梨子地肌**」則像是水梨的外皮，有著均勻細點。地肌不容易用肉眼觀察，而且日本刀經常同時出現兩種以上的地肌，對於刀劍鑑賞入門者來說是很大的門檻。

刀之「沸」與「匂」

鑑賞刀劍的時候，「地肌」、「沸」、「匂」都是肉眼不易觀察的細節。參加刀劍鑑賞會的人通常會使用燈泡，用三十度左右的角度來觀看這些細節。但博物館所展示陳列的刀劍，光源的位置固定，建議使用單眼放大鏡，稍微蹲低姿勢來觀察刀劍，比較容易看出這三種特色的細節。

「沸」與「匂」可以說是雙胞胎，兩者都是刀身鋼材的組織，麻田散鐵與細波來鐵構成的產物。用單眼放大鏡細看刃文，會發現許多小顆粒，稱為「**沸**」；或是另一種看似薄紗的「**匂**」。如果用天候來比喻的話，沸就像是肉眼可見的細小雨滴，匂則是繚繞的霧氣。「匂」是和製漢字，日文的原意是「氣味」。對應到中文時，有一說「匂」在異體字字典的發音與「匂」相同，因此有人取其字義念成「香」、或是「氣」，有人取字音念成「匂」。

在日本刀的五大派系「五箇傳」，有三大派系以沸為主體。山城傳以「小沸」為主，在刀身像是撒上細小銀沙的典雅模樣；相州傳則以大顆粒子的「荒沸」為主，傑出的作品會出現像是銀河的「砂流」；大和傳則介於兩者之間，稱為「中沸」。如果沸的顆粒大小參差不齊，或是顏色呈現淡褐色的話，就稱不上是一流的作品。

其餘兩大派系則以匂為主體。備前傳的匂比較優雅細緻，而美濃傳則是介在沸與匂之間。因此在戰國時代，美濃傳主要是以鋒利著稱，但是要講到藝術性則是備前傳較佳。

除此之外，如果刃文的尖端往切先延伸出去則稱為「足」，如果在刃文邊緣往鎬的方向有針狀的沸，稱為「打除」，眉月形的打除則稱為「三日月」，天下五劍的**三日月宗近**就是以此取名。刃文裡面如果出現黑色的細線，平緩者依粗細稱為「金筋」或「金線」，像是裂紋則稱為「稻妻」，也就是閃電的意思。

第二章

日本刀劍物語

神話與信史之刀

——象徵君權神授的神話刀劍

日本的神話故事中，提及許多充滿傳奇色彩的神話之劍。八世紀奈良時代的天皇，對外要向唐帝國與朝鮮半島彰顯國威、對內需要凝聚國內的向心力，並且主張皇室統治日本的正當性，因此命人編撰《古事記》與《日本書紀》，記載神話時代的故事。例如高天原的神明開創日本國土、三貴子神的誕生、大國主命建國、天皇的祖先降臨日本、神武天皇東征等膾炙人口的傳說故事，其中隱含著日本逐步進入天

芳年武者無類・日本武尊、川上梟師／月岡芳年

皇統治的歷史演進。

在這些神話故事中，刀劍被視爲權威與神靈的象徵。而談到日本神話裡面最有名的神劍，應該會有很多人想到別名爲草薙劍的天叢雲劍，也就是傳說中斬殺八岐大蛇得到的神劍，被稱爲是日本傳國三神器。象徵皇權正統的天叢雲劍，如今被供奉在熱田神宮，現代無人可以窺探其眞面目。考古學者還發現了四世紀的七支刀、五世紀的稻荷山古墳鐵劍、六世紀的丙子椒林劍。這些實際存在的刀劍，不只常被電玩遊戲設定爲具有神力的靈劍，也是理解神話與信史的關鍵。

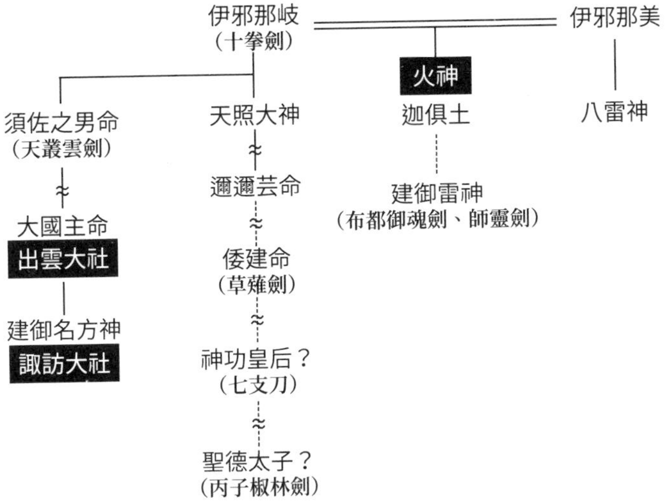

十拳劍

別名十握劍、天之尾羽張劍、伊都之尾羽張

談到在日本神話中首度登場的刀劍，就是《古事記》的十拳劍，在《日本書紀》則稱為十握劍。《古事記》與《日本書紀》是日本最初的官修史書，書中記載男神伊邪那岐與女神伊邪那美，一起創造日本國土與眾神，但是女神伊邪那美在產下火神迦具土神的時候，被火焰燒傷而死。

痛失愛妻的男神伊邪那岐悲憤莫名，他拔出腰間的十拳劍斬下火神的首級。「拳」是當時用來測量長度的單位，推測這把劍的長度大約有八〇至一〇〇公分左右。順帶一提，在日本的神話中，十拳劍就像是日本神明的標準配備，不管是太陽女神天照大神，或是斬殺八岐大蛇的須佐之男命，幾位神明都隨身帶著十拳劍。

傳說男神伊邪那岐斬殺火神之後，從劍刃流下的火神之血，化為鹿島神宮的建御雷神；而劍尖撒出的血，化為岩石之神；從劍柄滴下來的血，則化為水神。如此看似毫無邏輯的神話故事，其實隱含了火、劍與武術之間的關係——人類利用火來鍛造鐵，將鐵在石頭上鎚打成刀的形狀，再放入水中降溫，藉由淬火來強化鋼鐵的物理特性。如果少了任何一個步驟，就不能鍛造刀劍。

失去妻子的男神伊邪那岐，決定前往亡者的國度黃泉國，要帶自己的妻子重返天界。祂在陰暗恐怖的黃泉國找回自己的愛妻。但是女神和男神訂了一個約定，兩神離開黃泉國之前，男神絕對不能偷看女神的樣子。所謂好奇心殺死貓，就連神明也沒辦法戰勝與生俱來的好奇心。男神在離開黃泉國之前，忍不住掏出腰間的打火石點燃梳子，回頭偷瞄了一眼自己的妻子，卻看到女神腐爛的面容與女神身邊醜惡的八雷神。女神伊邪那美察覺到夫君詫異的眼神，祂不但氣夫君不守諾言，也氣自己醜陋的模樣竟然被人看見。發生了日本歷史上第一次夫婦鬥毆的離婚事件。

發狂的女神命令手下黃泉醜女追殺男神，只見一群恐怖的黃泉國魔物排山倒海而來，男神一邊向後揮舞著十拳劍禦敵，一邊丟出身上的道具想要阻攔怪物。於是，男神丟出的髮飾變成葡萄、梳子變成竹筍，甚至摘路邊樹上的桃子往後丟，企圖用食物來分散黃泉醜女的注意力。最後男神伊邪那岐逃出黃泉國，連忙用巨石塞住黃泉國的出口，才躲避女神的追殺。這個神話故事也象徵著日本人非常重視「恥」與「約定」的民族性。

天叢雲劍

別名草薙劍　**藏**熱田神宮

天叢雲劍是日本神話中最有名的神劍，也在日本神話第一個斬妖除魔的英雄傳說中登場。要談天叢雲劍，必須從三貴子神須佐之男命的神話開始說起。話說前篇的**十拳劍篇**提到的男神伊邪那岐，順利從黃泉國逃出來之後，祂覺得自己身上沾滿了死亡的污穢之氣，恐怕會招來不祥的厄運。男神跳進河中清洗污穢，這時候從祂的身上誕生了神話中的三貴子神，也就是太陽女神天照大神、月神月讀命、海洋之神須佐之男命。傳說男神將高天原、黑夜、大海的統治權分別交給三貴子神之後，就隱居在淡路島，從此淡出日本神話。

而三貴子神的老么須佐之男命，是父親洗鼻子的時候產生的神。祂思念素未謀面的母親，日夜啼哭要去黃泉國尋母，便決定先去高天原向姊姊天照大神辭行，再赴黃泉國。然而天照大神卻誤以為自己的弟弟要來奪權，為了解開彼此的誤會，兩位神明決定透過交換誓物的儀式表明心跡。須佐之男命釋出善意，解下腰間的武器十拳劍交給姊姊，天照大神則把脖子上的勾玉串珠交給弟弟。接著，兩位神明咬碎了對方贈送的信物，十拳劍遂化為三位女神，勾玉串珠則化為男神。

須佐之男命認為自己誠心誠意，十拳劍才會化成潔淨的女神，姊姊抱持懷疑的心才會變成男神。而且在住進日本神話的神界高天原之後，須佐之男命好像就忘了要去找母親這件事，到處搗亂招惹麻煩。甚至鬧出流血事件，嚇得天照女神躲進名為天岩戶的山洞裡面避難，產生了天昏地暗的日蝕。為了解決這個危機，日本眾神在山洞外面放了一面鏡子，並且與高采烈地跳舞狂歡。天照大神不愧是男神伊邪那岐的女兒，祂也輸給自己的好奇心往外探頭一看，就被其他眾神拉出山洞，平息了日蝕的異變。

事發後，須佐之男命被眾神逐出神話中的神界高天原，被放逐到人界的出雲。不過這位粗暴的須佐之男命流落到人界後，竟搖身一變成為斬妖伏魔的大英雄。當時出雲有一個美女，要被當作供品獻祭給妖怪八岐大蛇。須佐之男命路見不平拔刀相助，祂將美女變成梳子藏在自己頭上，並且準備了八罈美酒來引誘大蛇。等到大蛇喝得醉醺醺的時候，須佐之男命拔出佩劍十拳劍斬殺大蛇。

就在須佐之男命斬蛇尾的時候，突然聽到清脆的聲音，猛然一看發現神明標準配備的十拳劍竟然產生龜裂。須佐之男命好奇地割開蛇尾，發現裡面藏著一把絕世神劍。因為這把劍的周遭總是雲霧繚繞，遂取名為「天叢雲劍」。此後須佐之男命定居在人界，並將這天叢雲劍獻給天照大神，表示自己誠心悔過的心意，但是最後好像還是沒去黃泉國探望母親。

關於天叢雲劍的傳說，歷史學者認為這是象徵皇室的祖先，擊敗了擁有冶鐵技術的出雲國原住民。至於須佐之男命使用的十拳劍，被八岐大蛇體內的天叢雲劍砍出缺口，則象徵青銅器文化對上鐵器文化的技術差異。

後來天照大神看到人界一片欣欣向榮，覺得應該要讓神之子來統治人界。天照大神便把天叢雲劍賜給自己的孫子邇邇芸命，讓祂下凡去統治人界，這段故事稱為「天孫降臨」。天叢雲劍重新回到人界，成為皇室正統象徵的三神器。在新任天皇即位前的繼承之儀，會將三神器傳承給新任天皇，分別是**天叢雲劍**、**八咫鏡**、**八尺瓊勾玉**。

天叢雲劍還有一個廣為人知的別名——**草薙劍**，這個名字又是怎麼來的呢？傳說第十二代天皇的兒子倭建命（日本武尊），在現在靜岡縣的燒津遇到敵軍圍攻，他拔出神劍砍倒身邊的草木，確保野火不會延燒到自己身邊之後，放火反攻敵人取得勝利，因此將此劍改名為「草薙劍」。

倭建命放火燒死敵軍並且打贏東征之戰，在返回京都的途中把草薙劍留在熱田神宮。日本失去了神劍護佑的倭建命，後來因為得罪了山神而染病去世，死後化為白鳥升天。日本三神器的草薙劍從此便供奉在名古屋市的熱田神社，而三神器的八咫鏡供奉在伊勢神宮，八尺瓊勾玉則供奉在皇居。

傳說三神器擁有神力，凡人不能輕易窺視。特別是供奉在熱田神宮的草薙劍，素來都有真偽不明的傳說，且留待**小烏丸篇**（第〇五六頁）再做介紹。順道一提，現代日本皇室繼承之儀所使用的三神器，是儀式所使用的「形代」，即含有神力的複製品。

環頭刀

布都御魂劍

刃長約85公分 **藏** 奈良縣石上神宮

日本的信仰主要以神道教與佛教為主。講到武神或是軍神，除了佛教的毘沙門天之外，神道教的武神兼刀劍之神名為建御雷神，相傳祂將神劍布都御魂劍賜予日本第一代天皇，此劍至今仍供奉在奈良縣的石上神宮。

要談神道教的武神與神劍之前，先讓我們把焦點拉回天叢雲劍的主人。在前篇的**天叢雲劍篇**曾提到，須佐之男命斬殺八岐大蛇之後留在人界。而祂的第六世孫名叫大國主命，也就是現在出雲大社的主神。傳說大國主命有很多哥哥，合稱八十神，大國主命充當哥哥的隨從，要去向美麗的公主（八上姬）求婚。

路途中，祂們在因幡國的海邊遇到一隻受重傷奄奄一息的白兔。白兔說自己被鯊魚咬傷，沒想到八十神很壞心眼地叫牠跳進海中洗澡，讓全身是傷的白兔痛到在沙灘上打滾。而大國主命因為負責背所有人的行李，腳程比其他人還慢，見到白兔的祂採了草藥為白兔療傷。被拯救的白兔發揮了預言之力，預言大國主命能夠勝過哥哥抱得美人歸，畢竟要得到女孩子的芳心，一定要靠眼神。順帶一提，基於這一段典故，京都清水寺附近求姻緣的地主神社，不但供奉大國主命，還有祂與白兔的雕像。

但是大國主命橫刀奪愛贏得美人心的行為，遭到哥哥們怨恨，大國主命幾次遭到哥哥的暗算而喪命。大國主命復活之後，逃到須佐之男命隱居的根之國避難，沒想到大國主命在這裡和須佐之男命的女兒（須勢理姬）墜入情網私定終生。大國主命應該是日本史上第一個公然犯下重婚罪的男人吧，真是個罪孽深重的男人。

大國主命在須勢理姬的協助之下，成功通過了須佐之男命給祂的三大考驗。首先是要在充滿蛇和蜈蚣的房間裡過夜，第二是躲進老鼠的地洞逃過火攻，第三是幫須佐之男命清理頭髮裡的毒蜈蚣。最後大國主命帶著須佐之男命的太刀、弓箭與琴，打敗了昔日暗算自己的哥哥，成為統御人界的建國之王。只可惜大國主命的元配八上姬，因懼怕須勢理姬會對自己不利，最後黯然返回娘家。

如**天叢雲劍篇**所述，住在神界高天原的天照大神，看到大國主命將人界治理得井井有條，決定要派自己的子孫接管。天照大神命天孫邇邇芸命帶著三神器下凡，並且派了高天原的武神兼第一代刀神建御雷神同行，一群神明下凡來到九州的高千穗。

建御雷神是當年伊邪那岐神斬殺火神時，從十拳劍滴下的火神之血所誕生的神明。祂陪同邇邇芸命從九州前往出雲，立刻以高超的武力給大國主命下馬威。傳說建御雷神拔出自己的佩劍，把刀尖朝上插在海邊，盤坐在刀尖上說「我們是奉天照大神的旨意，要來接管人界」。也不管別人受得了受不了，用強大的武力逼迫大國主命讓出統治權。

大國主命和祂的兒子，看到來自高天原的武神竟然秀了一手安坐刀尖的絕技，認為這一仗是打不贏了，打算要乖乖順從。但是大國主神的二男（建御名方神）不願意把統治權拱手讓人，祂和建御雷神打了一架，最後認輸逃到現在長野縣的諏訪大社。政權轉移之後，大國主命隱居於出雲神社接受供奉。基於這個典故，日本神話把高天原來的神明稱為「天津神」，大國主命這些人間的神明稱為「國津神」。

武藝高超的建御雷神，完成任務之後返回高天原。後來天孫邇邇芸命的後代子孫，也就是傳說中的第一代天皇**神武天皇**，決定從出雲發兵攻打大和（現在的奈良）。神武天皇得到神鳥八咫烏的協助，順利攻入大和，卻打不過會施放毒氣的在地神明。

天照大神便再次要求建御雷神出手相助，於是建御雷神託夢給神武天皇，賜予具有解毒功能的神劍**布都御魂劍**。神武天皇成功征服奈良之後，在此地建造宮殿並且成為日本史上首任天皇，傳說是在西元前六六〇年，日本稱為皇紀元年。說到日本皇紀，在明治時代和台灣的日治時代，都曾經使用皇紀來紀年。不過現在日本已經不再使用皇紀，只有一些神社在祭典時會使用。

神武天皇為感謝建御雷神的協助，蓋了一座石上神宮來供奉布都御魂劍。此劍在十九世紀被挖掘出來，確認是早期造型的環頭大刀。當代的刀匠月山貞一打造了布都御魂劍的複製刀獻給神明，目前安置在石上神宮的本殿。至於什麼是「環頭大刀」呢？這是受到大陸文化影響所鍛造的刀，具有筆直的刀身，在刀柄末端有個圓環。其實吉卜力動畫電影《魔法公主》男主角阿席達卡所用的刀，造型就取自環頭大刀。

花形飾環頭大刀
©ColBase

除了奈良縣的石上神宮之外，茨城縣的鹿島神宮也供奉建御雷神。根據鹿島神宮的紀錄，因為神武天皇將布都御魂劍安置在奈良，鹿島神宮又重新鍛造一把神劍，名為**師靈劍**。此劍的刃長竟然有二．二四公尺，是稍稍帶有一點彎幅的直刀，造型與現在的日本刀大異其趣。這把劍被列為國寶，因為師靈劍、布都御魂劍都與建御雷神有關，在一些神話傳說中，偶而會發生兩把劍互相混用的情況。

宗教儀式劍

七支刀

刃長74公分 藏 奈良縣石上神宮

在奈良縣的石上神宮，除了供奉建御雷神賜給神武天皇的解毒神劍**布都御魂劍**之外，另外藏有一把造型奇特的七支刀，刃長約七四公分，劍身擁有六個分枝的直劍。從七支刀的造型來看，這應該不是實戰用的刀劍，而是象徵咒術力量的祭祀用刀劍。也因為其造型太過奇特，在各種遊戲或漫畫當中，經常被視為強大的神賜之劍。

七支刀可說是解開日本歷史的關鍵，是傳說時代進入信史時代的證物，串聯了中國、韓國、日本的歷史，在考古學擁有重大的意義。七支刀的正面刻著「泰和四年五月十六日丙午正陽造百練鐵七支刀出辟百兵」的銘文。一派學者認為泰和是東晉第七代皇帝的年號（四世紀，西元三六九年），七支刀具有震退百兵的咒術力量；而七支刀的背面刻著「先世以來未有此刀百濟王世子奇生聖音（晉）故為倭王旨造傳示後世」，學者認為這段銘文的意思是，自古以來從未見過如此奇特的刀劍，臣服於晉國的百濟國王子，為倭王鍛造此刀。

西元三世紀到四世紀，是中國、朝鮮半島、日本交流頻繁的年代。從中國的史料來看，《三國志・魏志倭人傳》曾出現邪馬台國的女王卑彌呼，她使用咒術來統治邪馬台國。《日本書紀》記載第十四代天皇之妻神功皇后，垂簾聽政長達七十多年，傳說神功皇后曾經渡海攻打朝鮮半島，後來百濟國獻上七支刀。因此有一派認為日本神話中的神功皇后，就是《三國志》記載的卑彌呼，但是對照中日雙方的資料，年代與記事有不少矛盾的地方，神功皇后是否真的是卑彌呼？目前仍無定論。

無論如何，神奇的七支刀證明了東北亞的國際關係。朝鮮半島百濟國王子認為東晉傳來的此刀具有靈力，並且將此刀（或是複製品）轉送給當時日本的統治者。難怪七支刀在許多遊戲被設定為具有神性的刀。

單刃直刀

丙子椒林劍

刃長65・8公分　藏 大阪四天王寺

相傳丙子椒林劍是聖德太子的佩刀，這振刀的時代比太刀還早，所以造型受到大陸文化影響很深。接下來，就從丙子椒林劍來觀察，日本刀是如何逐漸擺脫大陸文化的吧。

在西元六世紀末，日本的攝政王聖德太子（近代史學家改稱為廄戶皇子），發出了一封驚天動地的國書。在這封聖德太子給隋煬帝的國書中，寫道「日出處天子，致書日沒處天子，無恙」，引來隋煬帝勃然大怒。聖德太子此舉等同於在外交上訴求了日本的自主性，而以此為開端，往後日本刀的發展也開始和大陸文明的雙刃劍分道揚鑣，日本鍛刀逐漸擺脫大陸文明的影響，進入了日本刀的黎明期。

在此補充說明，傳說聖德太子是在馬廄出生，又被稱為廄戶皇子。有人認為這可能是借用了耶穌基督在馬槽誕生的傳說。據說聖德太子聰慧過人，能夠同時聆聽八個人的報告內容，一字不漏地抄寫下來。因為聖德太子充滿太多不可思議的故事，有學者認為聖德太子是虛構的理想聖王代表，目前學界議論紛紛。

無論日本史上是不是真有聖德太子這號人物，現在大阪市的四天王寺收藏了兩把流傳為聖德太子的佩刀。一振名為「丙子椒林劍」，據說是在丙子年間由一位名為椒林的刀匠所鍛造；另一把名為「七星劍」，在劍身上刻著北斗七星的紋樣。這兩振刀皆是筆直無彎曲的直刀，屬於單刃刀。丙子椒林劍的刃長六五．八公分、七星劍的刃長六二．一公分，比起雙刃劍造型的布都御魂劍、或是具有靈力的七支刀，聖德太子的這兩把佩刀都象徵了日本的刀要開始走屬於自己的道路。

平安貴族之刀

——平安時代前期貴族公卿的斬妖之刃

日本皇室在八世紀末期（七九四年），將都城搬遷到平安京，開啟了平安時代。隨著皇室發兵攻打東北地區，彎刀的鍛造技術也導入平安京。源自大陸的鍛刀技術與東北地區的彎刀文化開始融合，產生了日本獨有的太刀。當時的天皇子孫眾多，將部分皇嗣降爲臣籍並賜予姓氏，產生了源氏與平氏兩大武士家族。他們負責護衛皇室與公卿，留下許多斬妖伏魔的傳說。

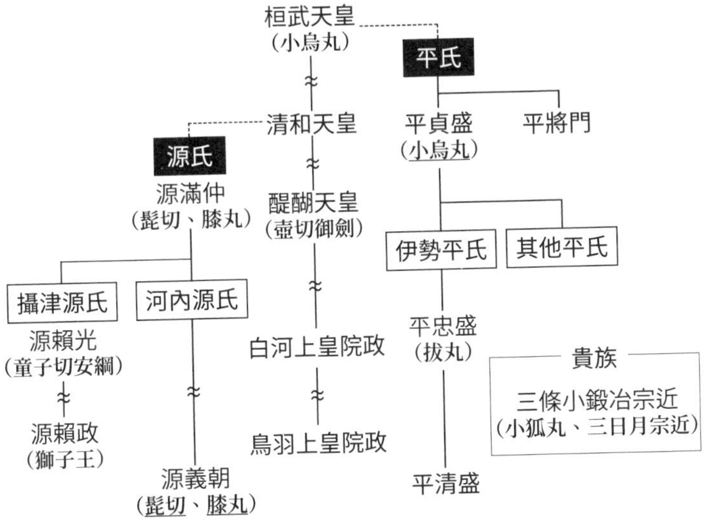

源賴光公舘土蜘作妖怪圖／歌川國芳

太刀

小烏丸

刃長62・8公分，刀反1・2公分

藏 東京國立博物館

小烏丸被稱為是日本刀之父，造型上擁有日本刀常見的彎幅，但雙面開刃，同時具有彎刀的特性與雙刃劍的刀鋒，而這種奇特的造型稱為「**鋒兩刃造**」，是直刀演變成彎刀的過渡款式。至於為什麼會有這麼特殊的設計，要從日本第一代征夷大將軍坂上田村麻呂開始說起。

桓武天皇在八世紀末期遷都平安京，他兩次派遣軍隊，討伐東北地區「不服教化」的蝦夷人。這時候的「蝦夷」指的是東北地區的原住民，後來才轉變成北海道原住民的代名詞。蝦夷人擅長騎術並且使用**蕨手刀**作戰，將朝廷派來的官軍打得落花流水。蕨手刀的刀柄造型彎曲，像是蕨類植物而得名。朝廷的官兵使用刀身筆直的直刀，適合刺擊但是不適合劈砍，在對砍的時候經常被蕨手刀給砍斷。因為蕨手刀不僅能更快拔出刀鞘，略帶彎曲的造型也能分散刀劍互砍發生的衝擊力，在關鍵時刻總是能夠占上風。

官兵首次出陣就大敗而歸，天皇命令**坂上田村麻呂**擔任征夷大將軍，再次出兵討伐蝦夷。坂上田村麻呂為了克服直刀的缺點，命刀匠把直刀的劍身加厚，靠著建築城砦等穩紮穩打的戰術，削弱蝦夷軍的戰力取得戰略勝利。傳說坂上田村麻呂戰勝蝦夷軍之後，突然有一隻神烏飛進平安京，自稱是天照大神派來的使者，留下一把寶刀之後消失無蹤，桓武天皇認為這是天照大神賜予的賀禮，將此刀稱為**小烏丸**。

當然，烏鴉是沒辦法鍛造刀劍的。傳說鍛造小烏丸的人是大和國的刀匠**天國**，他被譽為是五箇傳大和傳的始祖。在桓武天皇遷都平安京之前，都城大多都位在大和國境內，當地為朝廷和佛寺服務的刀匠。小烏丸融合了大陸文化的雙刃劍，以及蝦夷傳來的蕨手劍這兩方的特性，具有直刀演變到彎刀的過渡期造型。刀的地肌是略帶不規則山紋變化的小板目肌，刃文以直刃為主。

不過根據考據，現存的小烏丸應該是平安時代中期鍛造的刀，而不是傳說中的平安時代初期。坂上田村麻呂在戰後，將蝦夷人使用的蕨手刀引進平安京，並將擅長鍛造蕨手刀的蝦夷俘囚配置在關東與平安京。吃過蕨手刀苦頭的日本官軍，也將佩刀改良成具有彎幅的**毛拔型太刀**，又稱為俘囚太刀。小烏丸應該是在毛拔型太刀的風潮之下，刀匠打造更具貴族氣息的獨特刀劍。

雖然朝廷派軍鎮壓東北，但是因為朝廷長期壓榨關東、東北，引發了赫赫有名的平將門之亂。**平將門**被稱為日本三大怨靈，他起兵占領關東的地方政府並自立為新皇。朝廷遂號召天下武士討伐平將門，當時關東有兩名武士加入朝廷軍。一個是人稱「俵藤太」，曾經數次斬殺妖怪的藤原秀鄉，另一個是平將門的堂兄弟平貞盛。雖然這兩個武將英勇善戰，但是傳說平將門能分身召喚六個影武者，必須先破解平將門的分身之術，才有機會打敗平將門。

這時靈刀小烏丸再次颯爽登場。傳說天皇當時把小烏丸作為調度軍隊的信物，交給**平貞盛**指揮軍隊。而平貞盛與平將門在戰場上廝殺的時候，平將門再度使出分身之術。此時天空突然飛來一隻神烏，在平將門的真身上方盤旋，平貞盛認為這是神明的指示，順利破解了分身術。戰後天皇將小烏丸賜給平貞盛，成為平家武士代代相傳的寶物。

後來平家出了一個極富才幹的子孫，就是大名鼎鼎的平清盛。他趁著皇室的內戰崛起，不但自擁強大的軍力，還讓平家武士晉升為貴族，將朝政緊抓在平家手中。可是平家日益囂張跋扈，引起皇室與源氏武士的不滿，最後平家武士在壇之浦合戰敗給了源義經率領的軍隊。而驕傲的平家武士不願意受辱，帶著小烏丸與草薙劍跳海自盡。

為什麼日本皇室三神器的草薙劍會在平家武士手中呢?因為平清盛把女兒嫁給天皇，迫使天皇讓位給流著平家之血的幼帝。平家武士逃離京都的時候，不忘將幼帝與三神器一起帶走，而年僅六歲的幼帝被捲入大人們的政治鬥爭而死。一說草薙劍後來被打撈起來，但也有一說認為草薙劍就此消失無蹤，後來用草薙劍的「形代」，也就是具有神力的複製品來代替。但是小烏丸就下落不明了，直到江戶時代才再次被發現。後來獻給明治天皇，成為皇室私人收藏的御物。也有人認為，現存的小烏丸和傳說中的小烏丸不是同一振刀。

本書相關刀劍

平家寶刀：拔丸、嚴島友成

太刀

壺切御劍

詳細不明 藏 皇室

除了皇室正統象徵的三神器草薙劍之外，還有一振和皇太子關係密切的刀劍——壺切御劍。眾所皆知，日本天皇繼承皇位的踐祚式，以草薙劍繼承儀式。而在立太子儀式，傳承的則是源自平安時代的壺切御劍。這是日本史上第一位關白（藤原基經）獻給皇室的劍，一開始隱含著藤原氏希望獨攬朝政的願望。

講到日本的貴族，通常第一個想到的就是藤原氏。但是現代以藤原為姓的人，基本上都不是藤原氏的直系子孫。因為藤原一族在日本有一千五百多年的歷史，分出許多家系，目前都用家名為戶籍姓氏，例如「近衛」、「一條」等，曾經擔任總理大臣的近衛文麿就是藤原一族的後代。而現在使用藤原當姓氏的人，大多是在明治時代報戶口的時候以藤原自稱。

藤原一族的藤原北家企圖心最強，在平安時代初期把女兒嫁給天皇，以外戚的身分掌握朝政。而藤原北家的藤原基經在天皇成年之前，以攝政的身分來代替年幼的天皇治理國家，等到天皇成年之後，則改以關白的身分來輔佐天皇。導致天皇的權力被架空，就算換了三任天皇，實際的權力都還是掌握在攝政與關白手上，史稱「攝關制度」。

因為宇多天皇和藤原北家沒有血緣關係，藤原基經想到等自己死後，天皇很有可能會找理由削弱藤原北家的勢力。因此他在死前積極布局，說服宇多天皇許下承諾，今後會立流著藤原家血脈的皇子為東宮太子。藤原基經還獻上**壺切御劍**，希望壺切御劍成為東宮太子的守護劍。根據記載，壺切御劍是一把雙刃的直劍，後來一度遭火災燒毀，由古備前派的刀匠重新鍛造第二代壺切御劍。目前此劍由皇室代代相傳。順道一提，在當今的令和時代，因為天皇膝下無子，目前壺切御劍的所有者是天皇的弟弟——秋篠宮文仁親王。

言歸正傳，藤原北家藉由壺切御劍的靈力，積極將女兒嫁給天皇以保持外戚身分，緊抓住政權長達一百七十年。後來終於有一位天皇（白河天皇）擺脫了藤原的血脈，他選擇生前退位成為上皇。退位之後的上皇以「院政」的名義緊抓著權力不放，雖然成功削弱外戚的影響力，但也讓年輕的天皇覺得自己只是夾在外戚和上皇之間的吉祥物，後來甚至發生了上皇不喜歡天皇，逼天皇退位的鬧劇。皇室宗親嚴重內鬥，讓擁有軍隊的武士趁勢崛起，也就是前篇的**小烏丸**末代持有者平清盛一門。

本書相關刀劍

皇室三神器：天叢雲劍

太刀
髭切・前篇
刃長84・4公分，刀反約3・6公分
藏（傳）北野天滿宮

太刀
膝丸・前篇
刃長87・6公分，刀反3・72公分
藏（傳）京都大覺寺

談到平安時代的武士家傳寶刀，除了平家武士代代傳承的小烏丸之外，還有源氏武士的家傳寶刀髭切與膝丸，這兩振刀打從被鍛造出來之後，就脫離不了斬妖除魔還有兄弟之情的傳說。在平安時期的平將門之亂平息之後，有三個武士的家族因戰功而興盛。一個是平將門的堂兄弟，也就是獲得小烏丸的平貞盛；一個是留下許多斬妖除魔傳說的藤原秀鄉；另一個是在京都附近掃蕩平將門殘黨的源氏武士源滿仲。

源滿仲本身的傳奇故事雖然不多，但他留下的兩振源氏寶刀，影響了許多歷史上赫赫有名的源氏武將。傳說源滿仲得知九州筑前國有個來自異國的刀匠，鍛刀技術非常高超，於是他在向武家的守護神八幡神祈禱之後，聘請刀匠鍛造兩振足以傳家的寶刀。相傳第一振寶刀在試斬罪犯的時候，將罪犯的首級與鬍鬚一起切斷，因此別名為「**髭切**」；另一振刀則是連同罪犯的膝蓋一起斬斷，又稱為「**膝丸**」。

心滿意足的源滿仲，認為自己完成了人生的重責大任，將這兩振家傳寶刀傳承給長男**源賴光**，囑咐他要善用寶刀，光大源氏武士門楣。而源賴光也不負父親的期望，成為平安時代斬殺許多妖怪的傳奇人物，堪稱是平安時代最強驅魔武士。

源賴光繼承父親打造的寶刀後，某天發生了不可思議的事情。源賴光染上瘧疾，高燒長達一個月不退，無論求神問卜、尋遍各大名醫都找不到病因。某天源賴光在睡夢之中，彷彿看到有個身長七尺的怪僧拿著繩子要綑綁他。雖然源賴光因為發燒而頭昏暈沉，但再怎麼說他都是武藝高強的武士，立刻拔出枕邊的膝丸砍向怪僧。只見怪僧大叫一聲，便消失無蹤。隔天源賴光沿著血跡尋找，在北野神社後方的土塚發現巨大的蜘蛛，沒想到當場將妖怪斬殺之後，病情就逐漸康復了。這個傳說讓源氏的寶刀膝丸又多了一個「**蜘**

蛛切」的別名。

另一振源氏的寶刀髭切，也有斬妖除魔的傳奇。傳說京都的一條戻橋附近，每到晚上經常有恐怖的妖怪出沒。某次源賴光命令麾下猛將**渡邊綱**去辦事，因為途中會經過一條戻橋，源賴光便將髭切借給渡邊綱防身。渡邊綱出生自負責執行宮中鳴弦儀式的家族，擅長彈撥弓弦來驅除邪氣，可以說是僅次於源賴光的第二號驅魔武士。

當天晚上渡邊綱行經一條戻橋，看到一個女子沿著河往南邊行走。渡邊綱起了俠義之心，主動向那位女子搭話，說自己要往南邊去辦事，可以護送她到五條。正當兩人快要走到五條的時候，女子突然開口說話，詢問渡邊綱是否能夠送她回家。也許是渡邊綱覺得送佛送上西，好人做到底；也有可能是以為女子迷上自己健壯的體魄，畢竟渡邊綱在當時是受到女性歡迎的人氣猛男。總之，渡邊綱正想開口詢問女子住處時，女子竟化身為惡鬼，一把抓起渡邊綱就往西北方騰空飛起。渡邊綱赫然發現自己碰到的不是豔遇，而是一條戻橋附近的魔物。他拔出主君出借的髭切寶刀，翻身一刀斬斷了鬼的手腕。

隔天渡邊綱帶著鬼手和寶刀，向主君源賴光報告。源賴光覺得此事非同小可，便找來當代的大陰陽師安倍晴明，詢問應該如何化解。安倍晴明給了渡邊綱幾張咒符，要他

新形三十六怪撰・老婆鬼腕持去圖／月岡芳年
©National Diet Library

在家閉關不能讓任何人進屋，只要過了七天就能平安無事。沒想到就在渡邊綱即將渡過災厄的時候，撫養他長大的乳母突然從家鄉前來探望。渡邊綱打開門讓乳母進屋，乳母隨即變成鬼的模樣，奪回鬼手之後騰空飛走。這個傳說有好幾個不同的版本，比方說鬼女的身分有宇治的橋姬、愛宕山的鬼女小百合，或是大江山酒吞童子的手下茨木童子。寶刀髭切也因這個故事衍生出不同的別名，根據《源平盛衰記》記載髭切的別名為「**鬼丸**」，也有一說認為別名為「**鬼切**」。

順道一提，平安時代有許多源氏的武將，其實可以從他們名字，判斷他們屬於哪個家系。平安時代最強驅魔武士源賴光是長男，他的子孫以「賴」為通字，史稱為「攝津源氏」，比如太刀**獅子王**的主人源賴政，就是繼承了源賴光除魔之血的直系子孫；而源賴光的三弟的子孫以「義」為通字，史稱為「河內源氏」，短刀**今劍**的主人源義經就是源賴光三弟的子孫。

髭切與膝丸這兩振源氏的寶刀，原本是由本家的攝津源氏傳承到後代。後來分家的河內源氏，奉朝廷的命令出兵攻打東北時，向本家借刀助威，這兩振刀就這樣一借不復返，由河內源氏流傳下來。關於這兩振寶刀後來的故事，留待**髭切・後篇**（第〇八二頁）和**膝丸・後篇**（第〇九四頁）再做介紹。

本書相關刀劍

源氏武將之愛刀：獅子王、微塵丸

童子切安綱

刃長80公分，刀反2．7公分

藏 東京國立博物館

提到平安時代的斬妖之刃，除了源氏寶刀髭切、膝丸之外，最有名的就是名列天下五劍的童子切安綱。所謂寶刀配英雄，能夠駕馭這振刀的英雄，當然就是平安時代最強驅魔武士**源賴光**。源賴光和渡邊綱這對主從締造的斬妖伏魔傳說，成為平安京貴族茶餘飯後的話題。

傳說在一條天皇的時代，京中發生了許多貴族之女失蹤的離奇案件，根據陰陽師安倍晴明占卜的結果，罪魁禍首位在京都西北方，也就是棲息在丹波國大江山的**酒吞童子**。一條天皇遂命驅魔武士源賴光、貴族武士藤原保昌，一同前去大江山，討伐酒吞童子。因為酒吞童子的勢力龐大，源賴光決定帶上麾下的賴光四天王一起行動。而所謂的賴光四天王，除了斬下鬼女手腕的渡邊綱之外，還有傳說是山姥養大的金太郎坂田金時、卜部季武、碓井貞光。

源賴光一行人扮成山岳信仰修行者的模樣，悄悄進到大江山，途中碰到八幡神、住吉大神、熊野權現化身的老翁，得到能夠削弱鬼的力量、增強人類力量的「神變鬼毒酒」。接著，源賴光一行人順利進入酒吞童子的鐵城，還受到酒吞童子熱情的款待。在酒酣耳熱之際，酒吞童子的部下茨木童子突然暴怒，指著渡邊綱喊著要報仇雪恨，原來她就是當時被渡邊綱用**髭切**斬下手腕的鬼女。

眼見事跡即將敗露，源賴光放聲大笑說「我們這些修行者為了追求道法，早就將生死置之於度外。就算被誤認是朝廷的武士，死在鬼的手上也是命中註定，沒什麼好遺憾的」。酒吞童子佩服他們的勇氣，便喝令茨木童子住手。同時酒吞童子也認為源賴光只是徒有虛名的紙老虎，沒有膽量闖入用精鐵鑄造的大江山鐵城。

源賴光獲得酒吞童子的信任之後，趁機獻上了神變鬼毒酒。喝著喝著，酩酊大醉的酒吞童子終於現出了原形，賴光拔出愛刀，果斷地斬下酒吞童子的首級。傳說酒吞童子的頭飛舞在空中大聲怒吼，咒罵源賴光使用詭計，不敢堂堂正正一戰。酒吞童子的血盆大口咬向賴光的頭，幸好源賴光的頭盔得到神明的護佑，擋下酒吞童子死前的奮力一擊。

因為源賴光以此刀斬殺酒吞童子，人稱**童子切安綱**，被後世譽為「天下五劍」。這振刀是伯耆國的刀匠安綱所鍛造，他是日本史上第一個留下名字的刀匠。童子切安綱的造型是平安時代典型的細長刀身，屬於腰反，地肌是略帶不規則山紋變化的小板目肌，刃文是小亂。順道一提，京都北野天滿宮的寶刀「鬼切丸（別名髭切）」，據說也是安綱鍛造的刀劍。

後來童子切安綱成為源氏一族的寶刀，在室町時代由足利將軍家代代相傳。室町幕府滅亡之後，此刀由天下霸主豐臣秀吉、德川家康繼承，後來傳給了德川家的女婿——福井藩主松平忠直。但是松平忠直晚年行為乖張，無故殺害家臣並且施行暴政，最後遭到幕府處罰。民間謠傳松平忠直性情大變的原因，可能是因為酒吞童子的詛咒還留在童子切安綱上。二十世紀初期，童子切安綱一度流入民間，目前收藏在東京國立博物館。

本書相關刀劍

伯耆國刀匠安綱之作・髭切

太刀／脇差

小狐丸

太刀：刃長約79公分，刀反2.5公分 **藏** 石上神宮

脇差：刃長約53.8公分 **藏** 石切劍箭神社

平安時代流傳許多妖魔精怪的傳說，有為禍京城的酒吞童子，也有協助刀匠鍛刀的狐狸神使。提到京都鍛造的刀劍，最有名的就是五箇傳始祖三條小鍛冶宗近，傳說他有一振刀與神使狐狸有關。

朝廷遷都到平安京的百餘年後，京都的下級公家誕生了一名傑出的刀匠，人稱**三條小鍛冶宗近**。「三條」是他居住的地方，「小鍛冶」表示他是鍛造刀劍的刀匠，在古代稱冶鐵為大鍛冶，打造刀劍為小鍛冶。平安時代的貴族經常以居住地、家名自稱，例如將壺切御劍獻給朝廷的藤原北家，在分家之後便以居住地為家名，自稱近衛、鷹司、九條、二條、一條，合稱為**五攝家**。

三條宗近除了朝廷的公務之外，他的興趣就是鍛造刀劍。三條宗近的出身家系與實際生存年代不明，根據考據應該是十一世紀末期到十二世紀初期的刀匠。不過平安時代有許多傳說故事，喜歡將不同時代的人湊在一起製造話題。在能劇謠曲《小鍛冶》中就讓三條宗近提前出場，把他設定成和斬殺大江山酒吞童子的源賴光、安倍晴明是同個時代的人物。

能劇謠曲《小鍛冶》敘述一條天皇做了一個靈夢，醒來之後敕命三條宗近鍛冶御刀。但要鍛造出一振好刀，需要力氣相當並且有默契的助手幫忙。三條宗近擔心自己無法完成敕命，便前往合槌稻荷神社祈願，結果一名童子突然現身，安慰他不必擔心，神明一定會幫助他使命必達。得到神諭的三條宗近，回家之後拉起注連繩祈求神明相助。突然之間仙風四起，稻荷明神的狐狸神使便現身協力鍛造刀劍。完成後，三條宗近在正面刻上小鍛冶宗近的刀銘、在背面刻上小狐，此刀遂以「**小狐丸**」為名。

藤原一族的五攝家，經常在日記中提到小狐丸。有一說認為小狐丸原本是五攝家請三條宗近鍛造的傳家寶刀，一度由五攝家的九條家保管，但是最後下落不明。在考察平安時代的刀劍時，經常會遇到不同刀劍共用同一稱號的紀錄。無論是髭切、膝丸，或是小狐丸都有相同的情況。

雖然九條家的小狐丸亡佚了，但目前還有另外兩振以小狐丸為號的刀，一振是古備前的刀匠義憲所鍛造的太刀小狐丸，和**布都御魂劍**、**七支刀**一起收藏在奈良縣石上神宮。這振刀被指定為奈良縣的有形文化財，刃長約七九公分，刀反二．五公分，地肌是不規則山紋的板目肌，刃文是小亂。確實符合平安時代的流行的太刀風格。

另一振是名為小狐丸的脇差，與**石切丸**一同收藏在大阪石切劍箭神社。這振脇差的刃長只有五三．八公分，和原本的太刀不符，一說認為是太刀小狐丸被後人磨短成為脇差。至於哪一振刀才是三條宗近和狐狸神使一起鍛造的小狐丸？筆者認為兩者都是，畢竟無法考證的傳說，就讓它繼續保持神秘吧。

本書相關刀劍

相傳同為三條宗近之作：三日月宗近／收藏於石上神宮之刀：布都御魂劍、七支刀／收藏於石切劍箭神社之刀：石切丸

源平合戰之刀

——平安時代後期源平武士的爭霸之刃

平安時代後期，源自於皇族的源平兩氏武士崛起，他們經營私有領地，號召麾下的親兵擴張勢力。由於皇室陷入宗族內鬥，發生了多次以血洗血的戰爭，爲皇室作戰的武士受到重用。終於在十二世紀由平清盛取代貴族掌握政權，建立武士掌政的基礎。但是因爲平家武士囂張跋扈，最後由源氏武士取而代之，建立以鎌倉幕府爲名的武家政權。此時的刀劍已經非斬殺妖怪的靈刀，而是武士征戰的戰爭之刀。

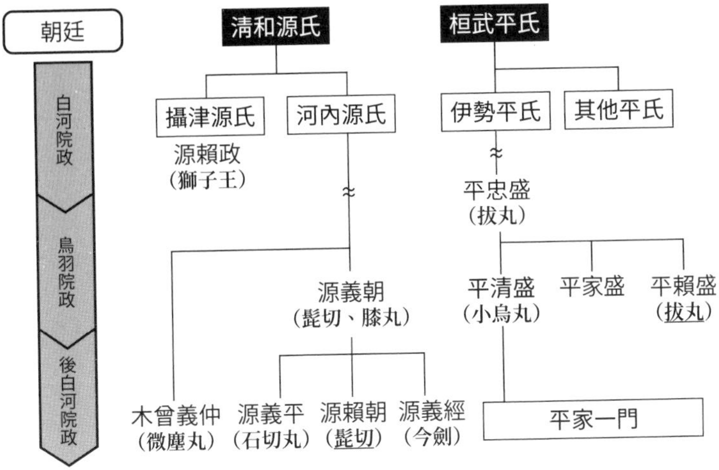

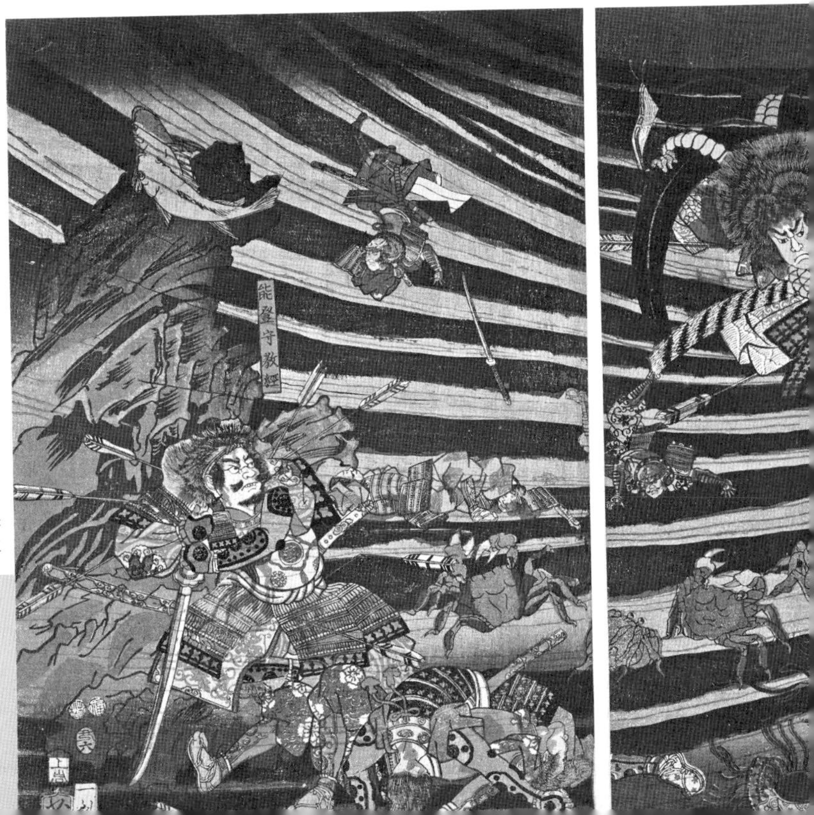

文治元年平家一門亡海中落入圖／月岡芳年

太刀

獅子王

刃長77・3公分，刀反2・7公分　**藏** 東京國立博物館

在平安時代前期，刀劍是貴族用來護身的傳家寶刀，留下許多斬妖伏魔的傳說。到了平安時代後期，皇室發生了父子、祖孫相爭的內鬥，刀劍成了在戰場上廝殺的戰爭之刀。太刀獅子王就這樣隨著歷史的演進，與它的主人留下斬妖伏魔的故事，也一起見證了戰場的殘酷。

平安時代末期，白河天皇為了排除外戚藤原家的的控制，他宣布退位，以上皇的名義管理朝政。即使後來出家為僧，成為法皇，還是放不下對權力的欲望。**白河法皇**歷經天皇、上皇、法皇三段變身，成為實際治理國家的「治天之君」，主導了皇位的繼承權，不容任何人插手，導致他的兒子、孫子都成為虛位天皇，種下日後皇權爭奪戰的遠因。

如果白河法皇只是一個權力薰心的老人，等他百年之後，皇室大概還有救。但是傳

說白河法皇和自己的孫媳婦，也就是鳥羽天皇的皇后有染並生下子嗣。導致鳥羽天皇迫於壓力，不得不把皇位傳給自己名義上的兒子——實為祖父私生子的崇德天皇。相信各位讀者看到這裡，應該覺得日本皇室的狗血戲碼，遠遠勝過台劇八點檔或是陸劇宮鬥戲吧。白河法皇生前所有荒唐的行為，在他死後整個大爆炸，不但讓皇室失去了政權，還讓崇德天皇死後變成日本三大怨靈。

言歸正傳，白河法皇死後，長久以來飽受冷落與精神虐待的**鳥羽上皇**，終於解開拘束器。他立刻逼崇德天皇退位，讓年僅三歲的親生兒子即位。就在皇室亂成一團的時候，京都出現了名為**鵺**的怪物，這個怪物有著猿猴的相貌、狸的身軀、虎的四肢、蛇的尾巴，每天晚上隨著黑雲出現在皇宮中，發出不祥的叫聲，年僅三歲的幼帝被嚇得夜啼生病。皇室想起當年斬殺酒吞童子的源頼光，決定找他的子孫來討伐妖怪。

這位繼承源頼光驅魔武士之血的子孫，名叫**源頼政**。源頼政在夜裡看見不祥的黑雲逐漸籠罩在皇宮上空，擅長弓箭的他拉滿弓弦，箭矢化為流星射向黑雲，只聽見黑雲裡傳來怪物的吼叫聲。源頼政立刻補上第二箭，成功射殺了妖怪。朝廷賞賜名為「**獅子王**」的太刀給頼政作為獎勵。獅子王是平安時代後期典型的太刀，刀身屬於腰反且彎幅較大，地肌是不規則山紋的板目肌，刃文以直刃為主，可參考卷頭彩頁收錄的照片。

當年夜啼的幼帝近衛天皇，年僅十七歲就夭折，導致皇室又發生繼承人之戰……由於本篇的人名實在太多，大概看得各位讀者頭昏眼花，關於這場戰爭的細節就留待下篇的**拔丸篇**再做說明。戰後平安京的政治權力整個大洗牌，以平清盛為首的平家武士獨大，源氏武士分崩離析。而繼承驅魔武士血統的源賴政，不僅射殺妖怪的弓術一流，連政治判斷都非常精準，他在混亂的局勢中選擇明哲保身，成為朝中源氏武士的代表人物。

但是平家武士一步一步侵門踏戶，只求明哲保身的源賴政終於也忍不住大動肝火。朝廷號召天下武士圍攻平清盛的時候，他帶上皇室賜予的太刀獅子王，率領親兵響應朝廷，可惜終究敗給了平清盛，最後自盡而死。源賴政死後，名刀獅子王由源氏的旁系土岐氏接收。在明治天皇的時代，土岐家獻給皇室成為御物，現在收藏於東京國立博物館。

本書相關刀劍

源賴光的斬鬼之刀：童子切安綱／平家寶刀：拔丸

傳說之刀

拔丸

已亡佚

平安時代末期，皇室陷入了內鬥風波，而點燃火藥桶的罪魁禍首，就是傳聞和自己孫媳婦有染的白河法皇。傳說他有兩個私生子，影響了平安時代末期的皇室與武士的命運。一個是被悲慘的命運擺佈，傳說死後變成天狗，人稱日本三大怨靈的崇德上皇；另一個是開創平家盛世，但在死前苦於高燒不退，傳說被地獄之火焚身的平清盛。

謠傳平清盛的生母是白河法皇的寵妃，因為平清盛的父親平忠盛立下功勞，白河法皇便把自己的寵妃送給平忠盛，產下了生父不詳的平清盛。大約兩年之後，平忠盛迎娶了正室，生下了二男（平家盛）。據說兩兄弟的年齡差了九歲，雖然平忠盛對長男青眼有加，但是平清盛的繼母以及平氏的武士，比較認同真正流著平氏之血的二男。

平忠盛是一個節儉謙恭且胸懷大志的人，但花錢的時候絕不手軟，他砸了重金買下名為「**木枯**」的太刀。傳說某個獵人在晚上帶著一把太刀去獵鹿，他將太刀暫時放在樹旁。沒想到天亮之後，原本蒼綠的大樹竟一夜枯死，地上散滿落葉，因此稱此刀為木枯。平忠盛嘖嘖稱奇，大手筆地把年收成三千石稻穀的莊園送給獵人，以換得寶刀。

根據《平治物語》記載，某一天平忠盛在午睡之時，庭中的水池突然爬出一條大蛇。平忠盛一將木枯拔出鞘，大蛇立刻躲回水裡，但是只要把木枯收回刀鞘，大蛇又從水池爬出來蠢蠢欲動。就這樣來來回回玩了幾次我拔刀、你逃跑的遊戲之後，平忠盛再也沒心情睡午覺，最後拔出木枯驅趕大蛇。日後這振刀又被稱為「**拔丸**」。

平忠盛得到皇室的信賴，讓平氏越來越興盛。只不過平家武士仍然反對讓來路不明的長男平清盛繼承家業，沒想到平家的二男竟然意外落馬而死，一說是因為他罹患重病。當下除了三十二歲的長男平清盛之外，只剩下年僅十七歲的五男（平賴盛）是正室之子。最後家中決議讓平清盛繼承家業，但是寶刀拔丸得讓五男來繼承。後來五男逝世之後，寶刀拔丸從此行蹤不明。

在平清盛當家的年代，皇室展開了一場大內鬥，史稱「**保元之亂**」。講起來真的很悲哀，白河法皇的另一個私生子崇德上皇，一生躲不開名為「白河」的詛咒。他因為生父不明而遭到排擠，當他想要為自己爭一口氣的時候，卻敗給同為白河法皇私生子的平清盛，還有繼承「白河」名號的後白河天皇。也難怪他最後用自己的鮮血抄寫佛經詛咒皇室，最後投海自盡，死後化為大天狗詛咒皇室，被稱為日本三大怨靈。

平清盛介入這場亂七八糟的皇室大內戰，獲得許多獎賞來擴大勢力，他以金錢和軍事的力量獨攬政權，全盛時期掌管的領地足足是半個日本。天下的平氏武士何其多，但只有平清盛一家人獨享榮華富貴。此外，為了和其他平氏的武士區別，平清盛一家因為具備貴族的身分而被稱為「平家」，甚至誇口「非平家一門者非人也」，真是有夠霸氣兼囂張。平家的歷史隨著平清盛而生，也因為平清盛的死而衰敗。關於平家的衰亡以及源義經、源賴朝兄弟的崛起，我們留待下篇的**髭切・後篇**，還有**今劍篇**（第〇九四頁）再做分曉。

本書相關刀劍

平家寶刀：小烏丸／源氏寶刀：髭切、今劍

太刀

髭切・後篇

刃長84・4公分，刀反約3・6公分

藏（傳）北野天滿宮

源氏的家傳寶刀髭切，曾經留下斬殺鬼女手腕的英雄傳說。但是這振刀似乎無力保佑源氏的子孫，當源義經的父親繼承髭切後，竟面臨家破人亡的局面。源氏的家傳寶刀髭切，數度見證了源氏父子相殘、兄弟鬩牆的殘酷命運。

在前篇的**拔丸篇**曾提到，平安時代末期發生了皇室大亂鬥——保元之亂，敗者崇德上皇成為日本三大怨靈，勝者平清盛享盡榮華富貴。但是這場戰爭，還有一個不被重視的勝者，那就是髭切的主人**源義朝**，他也是源賴朝、源義經這對悲劇兄弟的父親。

關於髭切、膝丸這對源氏寶刀，源義朝將其中的膝丸送給姊姊當嫁妝，另外打造一振名為「小烏」的刀來代替膝丸。某天晚上源義朝把髭切和小烏放在一起，突然砰的一聲，只見兩振刀同時倒下，小烏竟然斷了一小截。源義朝認為是髭切把小烏給斬斷，所以將髭切改名為「**友切**」。

可能是友切這個名字不吉利。發生前述保元之亂的時候，源義朝的老爸站錯邊，淪為敗軍之將。在戰爭的時代，父子或兄弟各自選邊站是常有的事，如此一來，不論哪一方勝利都能保全家業。但是源義朝卻面臨了非常可怕的人生抉擇——繼承白河名號的後白河天皇，竟然命令源義朝弑父來殺雞儆猴。源義朝含淚處斬自己的父親，沒想到戰後的論功行賞還遠遠不及平清盛，京都的人們嘲笑源義朝是殺父求榮的無恥之徒。

平安時代有兩個以「白河」為號的天皇，兩人的恐怖指數都是凡人難以想像，筆者稱他們是「最惡雙白河」。傳說白河法皇染指自己孫媳婦，種下皇室大亂鬥的遠因，導致自己的私生子成為日本三大怨靈，這一段故事已經在**拔丸篇**說明。他的曾孫後白河天皇，不只逼迫源義朝弑父，日後還挑撥源氏兄弟手足相殘，這一段故事將在**膝丸・後篇**（第〇九四頁）為各位讀者講述。

言歸正傳，因為保元之亂的戰功分配問題，加上貴族藤原一族不甘寂寞發生內鬥。源義朝和藤原一族聯手，發動閃電戰軟禁天皇，宣稱要討伐奸臣平清盛以清君側，史稱為「**平治之亂**」。但是源義朝的運氣非常差，他的手下竟然沒看緊天皇，讓天皇逃去投奔平清盛。原本打著清君側旗號的源義朝，瞬間變成大逆不道挾持天皇的逆賊。

陷入困境的源義朝，將家傳的鎧甲和源氏寶刀交給自己的兒子。源氏有著家傳的八套鎧甲，稱為「源氏八領」。父親源義朝身穿楯無鎧（這套鎧甲後來流傳到戰國時代的武田家）；年僅十三歲的三男源賴朝則身穿源太產衣鎧，手持家傳寶刀友切，也就是昔日曾經斬斷鬼手的髭切。

雖然源賴朝得到傳家之寶的鎧甲和寶刀，但源氏軍力不如平清盛，又被認定是挾持天皇的逆賊，士氣低落的源氏軍隊實在沒有任何勝算。源賴朝這位落難貴公子兵敗逃亡的時候，夢到源氏的守護神八幡

平治物語繪卷・院中燒討之卷（模本）
©ColBase

大菩薩降下「友切之名不祥，改回髭切才能取回原本的神力」的神諭。也許多虧源賴朝在千鈞一髮之際，把刀名從友切改回髭切，他終於在地獄的深處看到一線曙光。

戰後源賴朝和髭切都落入平清盛手中，沒想到平清盛的母親看到年僅十四歲的源賴朝，不惜絕食也要保住他的性命。為什麼平清盛的母親，會幫源氏的人說話呢？在**拔丸篇**曾提到，平清盛不是她的親生兒子，而是白河法皇的私生子，她自己的親生兒子二十三歲就遭逢意外落馬而死。也許平清盛的母親從源賴朝的身上，看到了自己親生兒子的影子吧。

罪減一等的源賴朝被流放到關東的伊豆國，並在當地結識了伊豆國豪族之女北條政子。靠著北條家與關東武士的支持，打敗平家武士並開創幕府，重新取回家傳的髭切寶刀。後來髭切由北條家繼承，在鎌倉幕府滅亡之後下落不明。

在歷史愛好者的眼中，源賴朝是一個不受歡迎的人，認為他嗜好政治謀略、個性冷酷無情，還下令追殺自己的弟弟源義經。但是源賴朝絕非沒血沒淚的人，源平合戰結束後，平清盛的族人不是戰死，就是遭到通緝。只有繼承拔丸的平家五男（平賴盛）沒有受到牽連，大概是因為平家五男的親生母親當年為源賴朝絕食求情，所以源賴朝放他一條生路來報恩吧。

言歸正傳，雖然前文提到髭切下落不明，不過目前在京都的北野天滿宮有一振「鬼切丸・別名髭切」，刀銘是伯耆國的刀匠安綱，與源滿仲請筑前國刀匠鍛造的傳說不符合。一說認為源氏傳下的寶刀，很多都被冠上髭切的稱號，就算傳承產生矛盾也不奇怪。平安時代早期的刀劍經常發生同一個傳說套在不同刀的問題，小狐丸也有類似情況。傳說中的名刀究竟是現存的哪一振刀劍，就留待歷史學者與刀劍研究者的考證了。

本書相關刀劍

源氏寶刀：髭切・前篇、膝丸・後篇

太刀

石切丸

刃長約76公分，刀反2・5公分

藏石切劍箭神社

關於平安時代的太刀石切丸，目前有兩振同名號的太刀，一振收藏在大阪的石切劍箭神社，和日本的神話傳說有關；另一振則收藏在岐阜縣的祖師野八幡宮，和源賴朝的庶兄惡源太義平有關。

從石切劍箭神社的資料來看，神社的祭神**饒速日命**，帶著天照大神賜予的神劍布都御魂劍、天羽羽矢，從高天原下凡治理大和國。祂在大和國與當地豪族通婚，娶族長的妹妹為妻並生下混血王子，兩派勢力和樂融融。但是當神武天皇東征的時候，大和國分裂成兩派：在地的族長認為神武天皇是入侵者，藉著地理優勢還有毒矢來守護家園；混血王子則是選擇投靠皇軍，拿出天羽羽矢和神武天皇相認。

神武天皇得到混血王子的協助之後，順利平定大和國。混血王子的後代成為皇室的重臣，建立建立石切劍箭神社供奉祖先饒速日命父子。神社名的「劍箭」即是來自布都御魂劍和天羽羽矢的傳說。

話說回來，講到**布都御魂劍**的傳說，石切劍箭神社的說法是天照大神將神劍賜予饒速日命，奈良石上神宮的版本則是建御雷神在夢中賜劍給神武天皇。為什麼會有這兩種不同版本呢？筆者認為應該是皇室和當地的強大豪族合作之後，默許豪族藉由布都御魂劍的傳說，順理成章成為鎮守當地的神靈。傳說石切劍箭神社對於治療腫瘤、癌症等疾病很靈驗。

相傳刀匠三條有成鍛造**石切丸**獻給神社，有人認為三條有成是三條宗近之子，因此也有石切丸是三條宗近鍛造的說法。石切劍箭神社的石切丸是腰反造型的太刀，略帶不規則山紋變化的小板目肌，刃文屬於細直刃。

另一振石切丸，則和源賴朝、源義經的庶兄惡源太義平有關。當時「惡」是用來形容勇猛、強悍，而非價值觀的善惡，因此惡源太的意思是勇猛的源氏太郎。在前篇的**髭切・後篇**提到，含淚殺父的源義朝將源氏八領的八龍鎧與家傳寶刀交給兒子。

勇猛過人的惡源太手持寶刀，僅以十七騎隨從，衝破五百騎平氏武士包圍之後逃往飛驒國。惡源太在途中受到村民款待，他聽說村莊有妖怪作亂，每年必須獻上童女獻祭。惡源太決定斬妖伏魔來報答村民，他躲進用來獻祭的箱子，等到妖怪現身之時，惡源太拔刀斬向妖怪，再縱身一跳踩住妖怪補上致命一擊，這雷霆般的一擊將妖怪連同岩石一起斬斷。而且惡源太藝高人膽大，斬妖之後竟然就直接呼呼大睡。隔天村民來探望情況，發現地上躺了一隻被斬殺的大白猿。一說惡源太將此刀取名為石切丸，獻給當地的祖師野八幡宮祈求神明保佑，後來此刀又改名為「**祖師野丸**」。

後來惡源太潛入平安京，不慎被平氏的武士逮捕。惡源太死前痛罵行刑的武士不懂禮儀，揚言死後會化為雷神向他報仇。結果在惡源太死後八年，當時負責處斬的武士還真的被雷劈死。順道一提，當年跟隨源賴光討伐酒吞童子的賴光四天王碓井貞光，傳說他使用的刀也叫石切丸，但是無法證明惡源太和碓井貞光是否用同一振斬鬼之刀。

本書相關刀劍

與石切劍箭神社相關之刀：布都御魂劍、小狐丸／斬鬼之劍：童子切安綱

太刀

微塵丸

刃長約100公分 藏 箱根神社

在平安時代末期的源平合戰，除了驕縱跋扈的平家武士、為了報父報仇的源賴朝、源義經兄弟之外，還有如同烈火一樣燃燒殆盡的猛將**木曾義仲**。木曾義仲出身信濃國的木曾谷，從族譜來看，他和源義經是堂兄弟。木曾義仲力大無窮，能駕馭刃長近一〇〇公分的太刀微塵丸。此刀雖然稱為太刀，但已經是大太刀的規格了。

在朝廷號召天下武士圍攻平清盛的時候，源氏的落難貴公子源賴朝，還有木曾義仲都起兵攻打平家武士。對當時的人來說，木曾義仲只是深山裡的鄉巴佬，不過是個盤踞一方的地方勢力。沒想到木曾義仲大爆冷門，他帶著巴御前等親信搶先攻入京都，把平家武士趕到現在的神戶。比起木曾義仲，他的愛妾巴御前可能更廣為人知。

雖然木曾義仲搶先攻入平安京，但是無論實力或是血統正當性，他都不如堂兄弟的落難貴公子源賴朝。兩人既然是堂兄弟，檯面上也不方便撕破臉，源賴朝提議將女兒嫁給木曾義仲的兒子，但是木曾義仲得先把兒子送來鎌倉，讓小倆口親近親近。雖然木曾義仲知道源賴朝其實是在向他討人質，但平家的軍隊仍虎視眈眈伺機搶回京都，這時候不適合和源賴朝撕破臉。木曾義仲為了祈求兒子平安無事，把寶刀**微塵丸**獻給箱根神社，據說這振刀的破壞力強大，無論怎樣堅固的鎧甲，都會被這振刀砍成微塵。

可惜木曾義仲戰死之後，兒子終被源賴朝派出的殺手滅口，源賴朝的女兒還因此得了心病，鬱鬱而終。落難貴公子源賴朝為了掌握權力，不但追殺自己的弟弟，還毀了自己女兒的幸福，難怪許多歷史愛好者一提到他就搖頭。

回到正題，木曾義仲被朝廷封為朝日將軍，同時和源賴朝聯姻。但木曾義仲只是個鄉下武士，不懂禮法的他鬧出許多笑話，而且他的手下軍紀紊亂，士兵經常搶奪屬於貴族的莊園，引起皇室與貴族不滿。善於謀略的源賴朝早就想要把木曾義仲趕出京都，他抓住機會上書給後白河法皇，說自己想為皇室效忠。源賴朝和後白河法皇都是工於心計之人，知道彼此想要什麼，兩人決定暫時聯手把木曾義仲趕出京都。

源賴朝派弟弟源義經率兵進攻京都。原本響應皇室的木曾義仲，莫名其妙變成反抗朝廷的反賊，此時西有平家武士、東有源義經節節進攻。聚集在木曾義仲身邊的武士看苗頭不對紛紛倒戈，最後只剩下從小一起甘苦與共的木曾谷五人夥伴陪在木曾義仲身邊，包含日本最強女武將巴御前。

傳說**巴御前**是木曾義仲的愛妾，也是他死黨的妹妹，容貌端麗、力大無窮。笨拙的木曾義仲知道自己命在旦夕，他想要保護巴御前但是不知道怎麼措辭，便和巴御前說「武士臨死之際，不該由女流之輩相伴。你趕快逃命去吧」。

巴御前知道木曾義仲愛惜自己的心意，決定在離開之前為自己心愛的男人立下戰功。巴御前騎馬單挑敵方的猛將，縱身一躍將敵將扭下馬並斬下敵將首級，隨後卸下鎧甲離開戰場。一說木曾義仲騎馬誤入泥濘之地，被源氏軍隊射死；也有一說是巴御前的哥哥看到木曾義仲已經精疲力竭，他奮死血戰以爭取木曾義仲切腹的時間，最後其兄對敵軍大喊「關東武士！給我看清楚，這就是旭日將軍自盡的勇姿」，為木曾義仲介錯之後自盡殉主。

巴御前是日本赫赫有名的女武將，在每年十月京都的時代祭的平安時代婦人列，一定是頭戴金冠、手持薙刀的巴御前，騎馬走在前頭。後來在江戶時代，薙刀分為巴形與

巴御前出陣圖／部關月
©ColBase

靜形兩大種類，一說**巴形薙刀**的名字來自巴御前，刀幅較寬；**靜形薙刀**的名字，一說來自美濃傳的刀匠志津三郎，一說是為了媲美巴御前，以源義經的愛妾靜御前的稱呼稱之。

本書相關刀劍

源氏堂兄弟的寶刀：髭切・後篇、膝丸・後篇

太刀

膝丸・後篇

刃長87・6公分，刀反3・72公分 藏（傳）京都大覺寺

短刀

今劍

刃長約19・7公分 已亡佚

若問起誰是源平合戰最強的源氏武將，大概就是日本三大悲劇英雄的**源義經**，他的父親是含淚弒父的源義朝，大哥是斬殺猿妖的惡源太、三哥是落難貴公子源賴朝。在源義經出生那年，父親和大哥遭處死、三哥賴朝被流放到伊豆。當源義經握起源氏寶刀的那一刻，注定要走上充滿荊棘的苦難之道。

源義經出生之後，他的生母常盤御前，帶著義經的兩個哥哥今若、乙若，懷中抱著

年幼的義經（牛若）前往京都，主動出現在殺夫仇人平清盛面前。俗說認為平清盛看上她的美貌納她為妾，所以饒了這幾個孩子的性命。不過近代的歷史學者認為，當時戰爭的規矩是未成年者罪不至死，常盤御前委身給殺夫仇人應該只是虛構情節。無論如何，後來常盤御前改嫁公卿，而源義經在七歲那年被送到京都的鞍馬寺修行，被命名為**遮那王**。

自從遷都平安京以來，鞍馬寺便是供奉著毘沙門天的佛教聖地，擁有強大的僧兵護衛。傳說三條宗近曾經參拜鞍馬寺，將自己鍛造的太刀獻給神明。負責教育源義經的僧侶，將當年三條宗近獻上的太刀磨成護身短

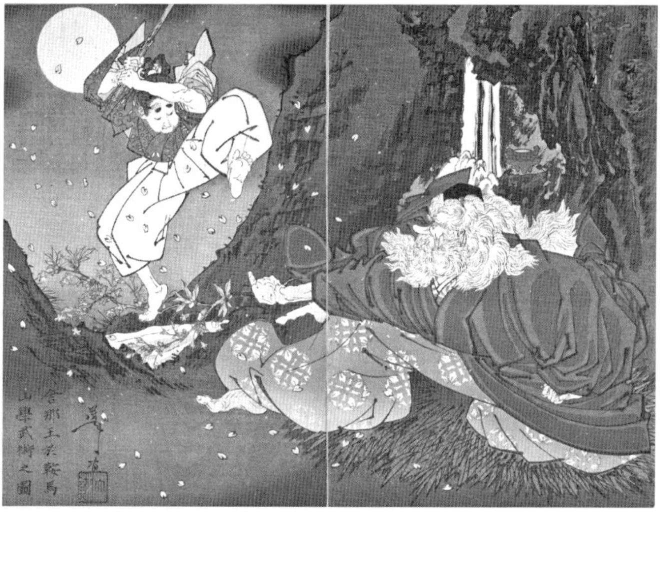

芳年漫畫・舍那王於鞍馬山學武術之圖／月岡芳年
©National Diet Library

刀「**今劍**」送給源義經護身。源義經在鞍馬山留下許多傳說——山上的天狗傳授他劍術與縱身高跳的技巧、鬼一法眼傳授他率兵打仗的兵法，並且在他下山辦事的時候結識了武藏坊弁慶。

源義經不願意在寺廟中渡過一生，他帶著護身刀今劍，與武藏坊弁慶投靠當時在東北稱霸的藤原秀衡一族。說來諷刺，平泉是源義經武將生涯的起點，但也是他人生的終點。在源義經二十歲那年，朝廷號召天下武士圍攻平清盛。源義經聽說自己素未謀面的三哥源賴朝起兵，便熱血沸騰地帶領隨從前往助陣。往後源賴朝就在關東經營地盤，前線作戰則交給源義經。

源義經率領軍隊擊敗微塵丸的主人，也就是堂兄木曾義仲之後，他前往熊野大社參拜，取回了源氏的寶刀**膝丸**。在源義經出生之前，源義經的姑姑帶著膝丸當嫁妝，嫁給熊野大社的僧侶。源義經看到熊野大社的山林染上一層新綠的色彩，將膝丸改名為「**薄綠**」。從源滿仲鍛造此刀開始算起，此刀已有膝丸、蜘蛛切、吼丸、薄綠等四種稱號。

源義經在得到源氏家傳寶刀膝丸之後，乘勝追擊攻打平家武士。源義經是一個破格的武士，他的戰術超脫當代武士的思維，例如在一之谷合戰，源義經率領少數親信衝下山谷奇襲平家軍隊，取得大勝。但他的行為牴觸當代的不成文規則，屢次引起敵我雙方的反感，例如以下的那須與一射扇傳說。

在源平合戰的倒數第二場大戰「屋島之戰」的黃昏休戰時刻，平家有一位美女在船首懸掛繪有日輪的扇子，出難題要考驗源氏武士的弓術。源義經派出關東第一射手那須與一接受挑戰，那須與一知道此事關係到兩軍的士氣，如果不能順利射下扇子，源氏軍隊就不算真正獲得勝利。騎馬立於岸邊的那須與一向神明祈禱，拔出會發出聲響的鏑箭，彎弓射向漂浮在海面上的小船之扇。

鏑箭映著夕陽的餘暉，劃出一道弧線順利射穿懸掛在船首的扇子。神乎其技的箭術贏得敵我兩方的讚賞，就連出難題的平家武士也很有風度地吟曲起舞，讚美那須與一。就在敵我雙方都在歡呼慶祝的時候，源義經竟然不顧江湖道義，命令那須與一射殺正翩翩起舞的平家武將。源義經這種焚琴煮鶴又不顧武士禮儀的做法，大大激怒了平家武將。就連源氏的武將也看不下去，暗地辱罵粗野的源義經壞了源氏的名聲。

一個月後，源平兩軍在山口縣附近的壇之浦展開決戰（史稱壇之浦合戰）。面對擅長舟戰的平家軍隊，擅長陸戰的源義經始終處於下風。一說是源義經命人專心防守，等待海潮反轉方向之後再進行反攻；一說則是源義經違反當時的戰鬥通則，命令士兵先射殺操船的水夫，讓平家的戰船無法移動之後展開殲滅戰。

源義經雖然帶領軍隊取得勝利，但平家武士寧可一死維護尊嚴，也不願意向源義經乞命，最後帶著幼帝與三神器投海自盡。源賴朝本來想要拿三神器當籌碼，向朝廷爭取更多權益，結果源義經卻未能奉命帶回**天叢雲劍**，這件事情惹怒了源賴朝。加上平安時代「最惡雙白河」之一的後白河法皇，看穿源義經和源賴朝這對兄弟有心結，當年後白河法皇都能逼源義經的父親犯下弒父之罪，如今要分化他們更是小菜一碟。後白河法皇冊封源義經為檢非違使，此為直屬於皇室、負責維持京都治安的要職，而缺乏政治敏銳度的源義經，就在未經兄長同意之下傻傻接受冊封，導致源賴朝必須殺雞儆猴，才有資格約束麾下的武士。

以為立了大功的源義經，押送殘存的平家武士前往鎌倉，卻被兄長下令不許進入鎌倉。源義經這時候才發現事態嚴重，他寫了一封陳情書給源賴朝，宣示自己沒有反叛之心，並且把膝丸（薄綠）獻給箱根神社，盼神明保佑，卻被源賴朝已讀不回。說來諷刺，木曾義仲當年向箱根神社獻上微塵丸，同樣也沒辦法如願保住自己兒子性命。

後白河法皇的分化之計效果非常卓越，還補上最後的殺手鐧，下令允許源賴朝討伐逆黨，讓源賴朝無法對自己的弟弟從輕發落。兩面不是人的源義經，在家臣武藏坊弁慶等人的保護之下，一路逃回少年時代居住的平泉。但是平泉的武士不敢得罪源賴朝，派兵團團圍住源義經居住的衣川館，打算把源義經交給源賴朝。四面楚歌的源義經知道已經無路可逃，在殺了自己的妻子與女兒之後，用今劍自盡而亡。源義經死後，今劍也從歷史裡消失了蹤跡。

比起消逝無蹤的今劍，膝丸（薄綠）有幸保存下來。目前在箱根神社有一振名為薄綠丸的太刀，不過京都的大覺寺也有一振被認定為國寶的同名太刀。根據大覺寺流傳的紀錄，源賴朝將原本收藏在箱根神社的膝丸賜給了家臣，後來輾轉成為大覺寺的寶物。現存於大覺寺的膝丸是一振腰反的太刀，略帶不規則山紋變化的小板目肌，刃文則是直刃帶有一點小亂。

本書相關刀劍

源氏寶刀：髭切・後篇／追殺源義經的平家猛將之刀：嚴島友成

太刀

嚴島友成

刃長79・4公分，刀反3公分

藏 嚴島神社

太刀

鶯丸友成

刃長81・8公分，刀反2・7公分

藏 東京三之丸尚藏館

在廣島縣的嚴島神社，供奉著一振名為嚴島友成的太刀，這振刀是古備前的刀匠友成所鍛造，持有者是源義經在戰場上最大的宿敵——平家猛將**平教經**。在源平合戰的故事裡面，平家武士明明囂張跋扈不可一世，對全國的武士開地圖炮嗆聲說「非平家一門者非人也」，最後全軍覆沒投海而死。為什麼日本人會同情平家武士，甚至在戲劇和傳說中，編造平家武士的怨靈向源義經、源賴朝報仇的傳說呢？

這是因為在平清盛當家的年代，平家擁有強大的政治影響力、經濟力以及軍力，平家一門有許多人成為貴族，他們沾染了貴族的風雅氣息，大多精通和歌、樂器。比起**髭切**的主人——擅長權謀的落難貴公子源賴朝；或是**膝丸**與**今劍**的主人——只知道戰鬥不懂武士禮儀的源義經；又或是**微塵丸**的主人——被譏笑是鄉下土包子的木曾義仲，平家武士就像是文武雙全的貴公子。

盛極則衰、月盈則虧，榮華富貴的平家在平清盛死後開始沒落，平家的軍隊被土包子木曾義仲與巴御前趕出京都，又被不懂武士禮儀的源義經在屋島之戰打得節節敗退。平家武士決定在瀨戶內海和源氏軍隊一決生死。在決戰的前夕，平教經將備前友成鍛治的太刀獻給瀨戶內海的嚴島神社，希望神明保佑平家軍隊大勝。這振刀名為**嚴島友成**，被指定為日本的國寶。

可惜神明不願傾聽平教經的祈禱，平家的軍隊在壇之浦合戰全軍覆沒。即使戰況已經無法挽救，平教經仍然不願輕言放棄，他拉起強弓射倒敵軍，箭矢用完之後拔出大太刀、薙刀殺敵。突然平教經聽到堂兄大喊「教經！這些人不是你的對手，殺他們只是徒增罪業」，平教經很霸氣地回應「堂兄教訓得是！既然要殺，就殺敵軍大將源義經！」

平教經發現總大將源義經的蹤影，像是發狂一樣死追不捨。在前一場屋島之戰，平教經曾經一箭射向源義經的要害，幸好家臣捨命代替源義經擋下致命一擊，才逃過一劫。源義經知道自己打不過平教經，發揮當年鞍馬山的天狗教他的飛跳絕技，連續跳過八艘戰船才逃離平教經的追殺，戲劇小說稱這個名場面為「**義經八艘跳**」。

平教經看到源義經落荒而逃的模樣，知道自己失去了逆轉戰局的最後關鍵。他脫下鎧甲向敵軍大喊「想要立功的人，儘管放馬過來！」源氏軍隊有一對以力氣自誇的兄弟，帶著部下衝上來想生擒平教經立功。只見他將衝過來的士兵一一踢倒，笑著說「來得正好！就帶你們一起上路吧」，像是老鷹抓小雞一樣抓住這對兄弟跳入海中自盡。

平教經跳海自盡之後，他的堂兄平知盛說了一句「既然已經看盡這世上可觀之事，此刻正是自盡之時」。傳說他為了不讓敵人生擒，特地穿上兩套鎧甲，把船錨綁在身上之後跳海自盡。後世稱讚平家武士的氣節與武勇，創作了許多傳奇故事，一說平知盛死後化為海中的怨靈，後來捲起暴風跟大浪襲擊源義經搭乘的船。這個故事被畫成浮世繪以及被改編成歌舞伎的劇目流傳到現代。

友成的另一振傑作是**鶯丸友成**。雖然是名家之作，但是「鶯丸」這個稱號的由來已經不可考，只知道這振刀是室町時代足利將軍家的寶刀，後來賜給了立下戰功的小笠原家，珍藏了四百多年後獻給明治天皇。其實小笠原家的勢力並不強大，能夠延續家名直到現代的原因，是因為小笠原一族傳承了最正統的武家弓術、馬術以及禮法，長期擔任將軍的弓術師範，並且保存了流鏑馬的儀式直到現代。因此武士對小笠原流敬重有加，鶯丸友成自然也就能遠離戰火保留至今。

嚴島友成和鶯丸友成的風格非常類似，都是腰反造型的太刀，刃長與彎曲的幅度也很相近。刀的地肌皆為板目肌，不過嚴島友成的刃文是中直刃，鶯丸友成的刃文則是直刃帶著小亂。

本書相關刀劍

平家寶刀：小烏丸、拔丸／源義經之刀：膝丸・後篇、今劍

鎌倉與室町之刀

——鎌倉與室町幕府的實戰之刃

源賴朝剿滅平家武士之後，在關東開創了鎌倉幕府，將武士統合在幕府體制之下並向朝廷爭取權益。此時在京都出了一個熱愛鍛刀的天皇——後鳥羽天皇，由於他在沒有三神器的情況下即位，因此對於刀劍有著異於常人的執著。他建立了御番鍛冶制度，授予刀匠官職與獎賞，命各地的刀匠輪流上京協助皇室鍛刀。

日本刀劍就此進入黃金時期，鎌倉幕府核心重臣重金禮聘各地鍛冶名家，前往鎌倉發展鍛冶的技術，鍛造更鋒利、更耐

蒙古襲來之圖／楊洲周延
©National Diet Library

用的剛健質樸之刀，以對抗來自蒙古的外敵。只不過，雖然戰勝了蒙古，卻引發鎌倉幕府的滅亡。日本進入皇室一分爲二的南北朝混亂期，戰場出現了讓敵人聞風喪膽的巨型野太刀，以及第二個幕府政權——室町幕府。

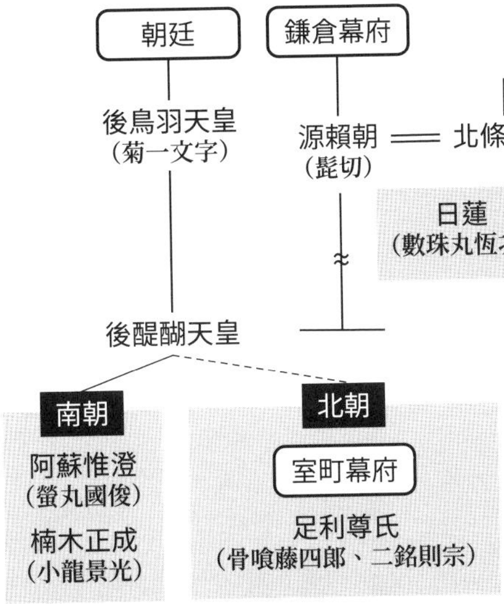

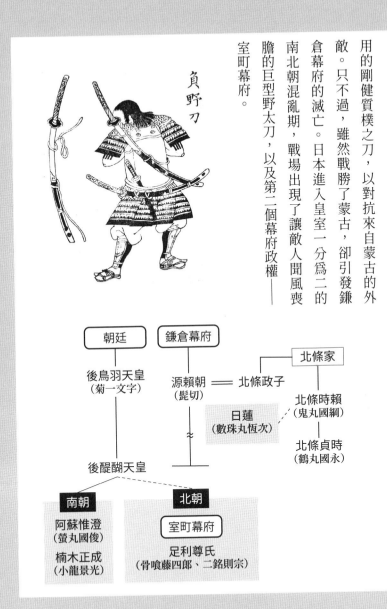

太刀

鬼丸國綱

刃長78・2公分，刀反3・1公分

藏 宮內廳

鬼丸國綱被譽為天下五劍之一，鍛造它的刀匠是京都的粟田口國綱。雖然刀匠出身京都，但是鬼丸國綱不像平安時代的刀劍那樣著重優雅細緻的氣質，而是以京都的典雅為底，加上鎌倉武士講求實用性的風格，強化了刀身的厚度與寬幅，成為典雅中帶著剛健氣質的名刀。

鬼丸國綱誕生的年代是鎌倉幕府中期，這時候幕府的權力，掌握在幕府重臣**北條家**的手上，也就是源賴朝的妻子北條政子的娘家。鎌倉幕府為了提升工匠鍛造武器的技術力，北條時賴重金禮聘了京都的名匠粟田口國綱前往鎌倉，並且請他為北條家鍛造寶刀，即是後來被譽為天下五劍的鬼丸國綱。

關於「鬼丸」這個稱號有個靈異傳奇。傳說北條時賴入眠的時候，總是會出現身材矮小的鬼怪在一旁搞怪，夜夜失眠的北條時賴變得越來越瘦弱。某天晚上，北條時賴的枕邊出現了一個白髮蒼蒼的老人，祂聲稱自己是寶刀的化身，本想要幫助北條時賴斬殺邪鬼，但是因為刀身染上汙穢而生鏽，所以沒辦法顯靈來制服妖邪。畢竟在平安時代就有很多名刀斬妖驅邪的故事，北條時賴認為寧可信其有，不可信其無，命人重新保養這把寶刀，並且將刀直接立放在刀架上，而不收進刀鞘（也不怕半夜如果發生地震，邪鬼還沒斬殺到，自己搞不好就嗚呼哀哉了）。

某天半夜北條時賴睡覺時，身旁突然發出巨響，他睜開眼睛一看，發現刀從刀架掉落下來。而一旁用來取暖的鐵製火缽竟然被刀子斬成兩半，就連火缽上雕刻的鬼面也被一分為二。北條時賴定睛一看，才發現火缽上刻的鬼面就是害他先前失眠的小鬼。由於這個典故，北條時賴將此刀命名為**鬼丸國綱**，作為北條家的傳家之寶。

鎌倉幕府滅亡之後，鬼丸國綱輾轉於室町幕府的足利將軍家、豐臣秀吉、德川家康手中。不過這振斬鬼之刀的靈力太過強大，如果是八字不夠重或是運勢走下坡的人，也許就無法承受這振刀的力量。據說德川家康看了一眼鬼丸國綱之後，決定把這振刀交給負責鑑定刀劍的本阿彌家保管。在江戶時代，鬼丸國綱曾經作為皇子的守護刀，結果皇子兩歲就不幸夭折，這振刀又被送回本阿彌家保管。在明治維新之後重新獻給皇室，目前被列為御物。

鬼丸國綱的造型一說為中反，也有一說為腰反，地肌是京都山城傳常見的、略帶不規則山紋變化的小板目肌，加上帶有一點小年輪模樣的杢目肌。刃文則是廣直刃加上一些丁子。筆者認為這是因為鬼丸國綱鍛造的年代，正好是鎌倉幕府邀請天下名匠前往鎌倉的時期，讓鬼丸國綱兼具了京都的山城傳與鎌倉相州傳兩派的風格。

話說回來，為什麼源賴朝會將這個不惜命人殺掉自己的弟弟源義經、千辛萬苦建立起來的鎌倉幕府，拱手讓給岳父的北條家呢？這件事其實和熱愛鍛刀的**後鳥羽上皇**有關係。源賴朝在剿滅平家武士之後，成功說服朝廷讓武士進駐貴族的莊園，督導莊園繳稅、維持治安，並且從中讓武士抽一點手續費。對於朝廷和貴族來說，雖然要被收手續費，但能夠確保賦稅來源，算是尚可接受的條件。在源賴朝居中管理之下，朝廷和武士各取所需皆大歡喜。

然而在鎌倉幕府第一代將軍源賴朝逝世之後，他的兒子源賴家嚮往朝廷而冷落關東武士，後來還捲入意外喪命。鎌倉幕府的武士為了確保權益，決定採取合議制度，由源賴朝的岳父北條家來主導。後鳥羽上皇看到幕府陷入混亂，想要施展皇室最擅長的分化計策。源賴朝雖然已經過世，但是源賴朝的妻子北條政子也是見過大風大浪的人，她跳出來呼籲關東武士團結：「先夫源賴朝和大夥一起建立幕府，讓武士能安心吃頓安穩飯。難道大家還想過看人臉色的生活嗎？」

眾武士想想也覺得很有道理，當年天下武士被捲入皇室的鬥爭而戰，髭切的主人源義朝還被迫弒父，怎能重蹈覆徹。在北條政子慷慨激昂的演說之後，關東武士團結起來打敗了朝廷的軍隊。甚至將後鳥羽上皇給流放到離島，要求新上任的天皇縮減皇室的權力。因此有一說認為，後鳥羽上皇的御番鍛冶制度，有可能是被流放之後用來打發時間的興趣。

本書相關刀劍

與鬼丸國綱持有者相關之刀：數珠丸恒次、源氏寶刀髭切、菊一文字

數珠丸恆次

刃長83・7公分，刀反3公分 **藏** 本興寺

天下五劍中，有兩振刀都和鎌倉幕府的重臣北條家有關，除了為北條時賴斬殺小鬼的鬼丸國綱之外，還有一振是受到北條家打壓的高僧之刀——數珠丸恆次。這振刀是備中國的刀匠青江恆次所鍛造，傳說他身為後鳥羽天皇的御番鍛冶，鍛刀的技藝非常高超。

話說回來，為什麼源義經在鞍馬寺修行的時候使用短刀今劍護身，到了鎌倉時代，一介高僧竟然需要用一振太刀來護身？鎌倉時代到底是多麼恐怖的時代？要認識數珠丸恆次之前，讓我們稍微分析鎌倉時代的武士對佛教的想法。

鎌倉時代是一個變動的時代，不僅政權從皇室與貴族轉移到武士，宗教也產生了很大的變動。在**丙子椒林劍**的主人聖德太子的時代，佛教是用來鎮護國家的國教；在藤原一族向皇室獻上**壺切御劍**的平安時代，佛教是朝廷公卿祈求往生極樂的貴族佛教。但是

這些舊時代的佛教，幾乎沒辦法為武士帶來心靈上的平靜。

於是在鎌倉時代，興起了以武士為主的鎌倉新佛教，具有「容易執行、選擇其中一種修行法門專心勤修，就能夠得救」的特性，讓武士不用守清規就能往生極樂。舉凡宣揚念誦「南無阿彌陀佛」就能得救的淨土宗、或是尋求頓悟的禪宗，這些都是非常受到武士與平民百姓歡迎的新佛教。而數珠丸恆次的主人，高僧**日蓮**則提倡唱誦《南無妙法蓮華經》。

日蓮認為地震、瘟疫或是戰爭

日蓮上人石和河鵜飼之迷魂濟度圖／月岡芳年
©National Diet Library

之所以發生，都是因為人們不明白《妙法蓮華經》才是真正能夠拯救日本的經典。日蓮雖然不會拔刀與人開戰，但他辯論佛法的戰鬥力卻是無人能及。他向當代流行的佛教宗派下挑戰書——「念佛無間、禪天魔、真言亡國、律國賊」，又上書《立正安國論》給**鬼丸國綱**的主人北條時賴，警告如果幕府繼續忽視《妙法蓮華經》的話，不僅日本國內會陷入混亂，甚至會引來外族入侵。

日蓮激進的行事作風，引起其他佛教宗派和幕府的反感。日蓮與他的信眾，多次遭到其他教派的僧侶、當地的武士襲擊。他也一度被送到刑場準備處刑，結果天空突然顯現一道刺眼的聖光，讓全場所有人都睜不開眼睛，更別說對日蓮處刑。加上後來發生蒙古渡海攻打日本的戰爭，更讓民眾相信日蓮的預言。

信奉日蓮宗的地方領主，邀請日蓮前往甲斐身延山開山立寺，並將青江恆次鍛造的太刀獻給日蓮護身，畢竟日蓮面對的考驗之多，小小一把短刀真的不足以護身。傳說日蓮將自己使用的念珠（數珠）繞在刀柄上，聲稱這振刀是破邪顯正的太刀，並命名為**數珠丸恆次**。

數珠丸恆次是鎌倉時代前期的刀，稍早於鬼丸國綱的時代。因此數珠丸恆次比鬼丸國綱更接近貴族太刀的風格，刀身屬於腰反，地肌是略帶不規則山紋變化的小板目肌，刃文則是直刃略帶小足的風格。

日蓮圓寂之後，數珠丸恆次就留在身延山久遠寺。據說德川家康的側室是日蓮宗的信徒，而她和家康生下的兒子後來成為紀州德川家當主。可能因為這一層關係，後來數珠丸恆次由紀伊德川家保存下來。在大正時代由信徒獻給兵庫縣的本興寺，並且被列為舊制的國寶，現改為重要文化財。

本書相關刀劍

青江刀派：嗤笑青江／天下五劍：鬼丸國綱

太刀

鶴丸國永

刃長78・6公分，刃反2・7公分

藏 宮內廳

鶴丸國永是京都五條派刀匠國永鍛造的刀，相傳五條派是三條宗近的後人。關於「鶴丸」的稱號，據說來自刀鞘上有鶴的裝飾，不過刀鞘目前已經失傳。這振刀雖然誕生在平安時代，卻到鎌倉時代才聲名大噪，不但和盜墓、親族內鬥等各種傳奇故事有關，還與髭切、鬼丸國綱這兩把刀有淵源。

鶴丸國永是平安時代的太刀，刀身屬於腰反，地肌是略帶不規則山紋變化的小板目肌，刃文則是平安時代流行的直刃微微帶著小亂。這振刀在平安時代的紀錄甚少，後來成為鎌倉幕府另一派重臣**安達泰盛**的寶刀。雖然鎌倉幕府長期由北條家主宰，但是這時候北條家換上年僅十五歲的新任家督，加上鎌倉幕府剛擊退蒙古的入侵，正為了如何論功行賞而焦頭爛額。安達泰盛認為這是取代北條家的好時機，他打算讓自己的兒子擔任幕府將軍，派人去尋找象徵將軍權威的太刀**髭切**。

這件事情引起新任家督**北條貞時**的高度警戒，算起來他其實是安達泰盛的外甥。但血緣關係比不上政治利益，北條貞時下令攻打自己的舅舅，戰後還將舅舅尋找的源氏寶刀髭切重新供奉在寺廟，並且命人盜舅舅的墓，將他的陪葬品**鶴丸國永**納為己有。

北條貞時繼承了家傳的**鬼丸國綱**，重新封印了髭切，又得到舅舅的鶴丸國永，變本加厲把幕府的權力一把抓。此時鎌倉幕府的合議制度已經名存實亡，所有事情變得北條宗家說話才算數，只不過北條宗家的獨裁也引來鎌倉幕府的滅亡。在鎌倉幕府滅亡之後，鶴丸國永突然從歷史上消失了兩百多年，直到戰國時代才再度重現江湖，一度成為織田信長的收藏，後來由伊達家秘藏到幕末，明治維新之後由伊達家當主獻給明治天皇。

講到鎌倉幕府的北條家，有一個非常有名的典故。傳說北條貞時的祖父，也就是鬼丸國綱的主人北條時賴，將幕府的重責大任交棒給兒子之後，雲遊四海明查暗訪。傳說在某個下大雪的夜裡，打扮成雲遊僧的北條時賴向一間小屋求宿。屋中的主人親切地招待他，因為家裡的柴火不夠兩個人取暖，屋主竟然把家裡的三個盆栽打碎，拿出裡面的松木、梅木、櫻木當作柴火來燒。

兩人一邊烤火一邊聊天，屋主說自己忠於鎌倉幕府的地方武士，名叫源左衛門，因為領地被人奪走才會變得這麼落魄。三杯黃湯下肚之後，屋主醉醺醺地說「俺雖然看起來落魄窮酸，好歹也是個武士。如果幕府發生什麼事情，我會立刻穿上這身破鎧甲，拿出生鏽的長槍，就算騎著瘦馬也會趕往鎌倉效忠。」

後來北條時賴回到鎌倉，向關東武士發布動員令，沒想到當時的窮武士源左衛門真的率先抵達鎌倉報到。北條時賴非常感動，不但將原本屬於源左衛門的領地還給他，還加封松井田、梅田、櫻井這三個領地，來報答松梅櫻三株盆栽的恩情。

雖然這個故事應該是後世穿鑿附會的創作，但從這一點可以看出武士的忠心，還有鎌倉幕府賞罰分明的制度。可惜北條貞時鎮壓外公安達家及其他幕府重臣，加上對蒙古之戰的論功行賞不公平，終於導致鎌倉幕府的滅亡。

本書相關刀劍

北條家寶刀：鬼丸國綱／源氏寶刀：髭切／五條派相關之刀：三日月宗近

脇差

骨喰藤四郎

刃長58・8公分

藏 豐國神社

大太刀

螢丸國俊

刃長100・3公分　下落不明

現今收藏在豐國神社的骨喰藤四郎，根據江戶時代《享保名物帳》的紀錄，這振刀原本是粟田口藤四郎吉光打造的薙刀，後來被磨短成為脇差。刀的正面刻有俱利伽羅的銘文，背面刻著火焰不動明王與梵文。而粟田口藤四郎吉光是鎌倉時代中期京都著名的刀匠，他非常擅長鍛造短刀，如五虎退吉光、厚藤四郎等名刀。其中，骨喰藤四郎原是粟田口藤四郎鮮少鍛造的薙刀，後來又被磨製成脇差，確實是意義非凡。

而談到骨喰藤四郎的持有者**足利尊氏**，他也是一位影響日本歷史上意義非凡的爭議人物。他非常仰慕崇敬天皇，卻為了生存和天皇交戰；他非常疼愛自己的弟弟，但是為了幕府，不得不毒殺自己的弟弟；他疏財好義容易原諒別人，即使戰況陷入膠著，他仍然笑著作戰不畏生死。這麼一個矛盾又具有魅力的人，竟然在明治維新之後被斥為日本的奸臣代表，只因為他迫於無奈地與天皇作對，開啟了日本的南北朝時代。

話說從頭，足利尊氏原本是鎌倉幕府旗下的武士，但是因為**鶴丸國永**新主人的北條家，獨掌大權且賞罰不公，導致關東武士亂成一團。當時在京都的後醍醐天皇趁機號召天下武士對抗北條家，二十九歲的足利尊氏起兵響應天皇，攻陷了鎌倉幕府在平安京的軍事據點，成為消滅鎌倉幕府的大功臣。足利尊氏名字的「尊」字，其實來自後醍醐天皇本名的「尊治」。

他和後醍醐天皇也稱得上君臣和樂融融，但是兩人對於未來的理想不同——後醍醐天皇想要回到平安時代初期，天皇統治天下的古老時代；但是對於武士來說，他們經過幾百年的努力終於佔有一席之地，不想重回看皇室臉色過日子的時代。兩方的理念不同，終究在關東爆發了武士叛亂。

當時足利尊氏的弟弟以皇軍的身分困守在鎌倉，不斷派人向足利尊氏討救兵。不管足利尊氏的弟弟如何求救，天皇遲遲不肯點頭讓足利尊氏出兵救援。重情的足利尊氏為了救自己的弟弟，私自率兵撲滅了關東武士的叛亂。但是天皇認為足利尊氏的弟弟對皇室不忠，重新派了另一支軍隊要誅殺他的弟弟。儘管足利尊氏拚命為弟弟求情，甚至宣稱要放下兵權出家為僧，天皇仍然不肯收回成命。

一邊是自己敬愛的天皇，一邊是手足情深的弟弟，兩難的局面終於讓足利尊氏忍不住爆炸了。足利尊氏雖然不喜歡打仗，但是行軍作戰可說是當代第一，他為了保護弟弟和旗下的家臣們，率領軍隊反攻京都。但是京都是皇室的根據地，而且地形不適合防守，足利尊氏決定先退到九州重整勢力。足利尊氏也在九州與骨喰藤四郎、螢丸國俊這兩振名刀產生了交集。

這時候九州的武士，分裂為支持足利尊氏和支持天皇的兩大派系。在這之中，有位天皇派的阿蘇惟澄，他手持刃長一〇〇公分的大太刀奮戰。但是足利尊氏搶先駐軍在上風地帶，阿蘇惟澄的軍隊無法一邊面對迎面而來的風沙，一邊對抗足利尊氏的軍隊，最後潰不成軍四處逃散。

疲憊不堪的阿蘇惟澄逃回阿蘇山，他在睡夢中看到無數的螢火蟲聚集在大太刀。隔天發現原本傷痕累累的大太刀竟然完好如初，因此將這振刀命名為**螢丸國俊**，成為阿蘇神社宮司阿蘇家代代相傳的寶刀。此刀在第二次世界大戰後，被美軍為首的駐日盟軍總司令部徵收之後下落不明。後來在二〇一七年由關市刀匠募資，依照古紀錄重鍛，據說此刀是腰反的大太刀，地肌是略帶不規則山紋變化的小板目肌，刃文是細直刃帶著小亂。

言歸正傳，足利尊氏在九州戰場取得勝利之後，足利派的盟友大友貞宗將粟田口藤四郎吉光鍛造的薙刀，重新磨製成**骨喰藤四郎**獻給了足利尊氏（磨製時間點另有異說）。足利尊氏得到寶刀與盟軍的協助，重新率軍上洛，在湊川之戰打敗天皇派的將領楠木正成，並且廢後醍醐天皇，擁立光明天皇並開設幕府。關於足利尊氏和楠木正成的故事，我們留待下篇的**小龍景光篇**再細說分明。

至於足利尊氏為什麼膽敢另外擁立天皇呢？因為皇室長期陷入繼承權問題，長久以來由兩派後人輪流擔任天皇。足利尊氏為了不讓自己陷入朝敵的困境，需要取得自己室町開幕府的正當性，所以擁立另一派擔任天皇，史稱為**北朝**。逃出京都的後醍醐天皇則稱為**南朝**。日本從此進入室町幕府與南北朝時代重疊的紛亂時代。

伴隨足利尊氏從九州打回京都的骨喰藤四郎，成為足利家的寶物。在第十三代劍豪將軍足利義輝死後，傳說骨喰藤四郎落入松永久秀手裡，大友家的後人大友宗麟費了三千兩與一番力氣才讓骨喰藤四郎重回大友家。後來此刀又被作為天下人的象徵，歷經了豐臣秀吉、德川家康之手。但是在江戶時代發生明曆大火時，隨著半個江戶被烈火吞噬，骨喰藤四郎成為燒身，後來由名匠越前康繼重新再刃。戰後被供奉在豐國神社。

骨喰藤四郎因為是薙刀磨製的脇差，受到原本薙刀的造型限制，骨喰藤四郎的刀身彎幅比其他脇差小。也因為受到烈火侵蝕，已經無法判斷原本的地肌、刃文，而再刃之後賦予的刃文屬於直刃。關於成為燒身的刀要如何再刃重現風采，又會面臨怎樣的風險？這部分請參考第四章「燒身與再刃」的段落。

本書相關刀劍

楠木正成之刀：小龍景光／粟田口藤四郎吉光之作：一期一振、藥研藤四郎、鯰尾藤四郎、五虎退吉光、厚藤四郎

小龍景光

刃長73・6公分，刀反2・9公分 藏 東京國立博物館

備前長船派可以說是日本刀劍史的重要流派，第一代刀匠光忠鍛造了**燭台切光忠**；第二代的刀匠長光鍛造**大般若長光**；而第三代刀匠的景光鍛造的代表作，因為刀身雕有俱利伽羅龍，故稱為**小龍景光**。此刀屬於腰反且彎幅寬大，地肌是略帶不規則山紋變化的小板目肌，刃文則是小互目加上小丁。據說這振刀因為曾經被磨短，配上刀裝之後只會隱隱露出龍首，又稱為「窺龍景光」。

小龍景光最有名的持有者，就是和足利尊氏棋逢敵手的將領**楠木正成**。楠木正成前半生不詳，據說他是河內國赤坂村的地方武士，因為不是名門世家的後代，在當時被歸類為惡黨。根據《太平記》記載，後醍醐天皇決定號召天下武士，討伐鎌倉幕府的北條家勢力，他夢到紫宸殿前有一棵大樹，在樹下朝南的方向鋪著榻榻米。突然有兩個童子

出現，說樹下南側的榻榻米是天皇的席位，隨後童子升天消失無蹤。

後醍醐天皇醒來之後，認為夢中的大樹南側象徵「楠」字，命人打探之後發現有個名叫楠木正成的武將。後醍醐天皇遂命令公卿傳旨，任命楠木正成為將領並且賜予名刀小龍景光。果然楠木正成也不負眾望，傳說他擅長守城戰與游擊戰，在赤坂城之戰以五百守軍，拖住二十萬敵軍。

相傳楠木正成在赤坂城的木造城牆之外，又搭建第二重木牆作為掩飾。當敵軍隊攀爬外牆的時候，楠木正成命人切倒外牆，並且追加落石、箭雨的連續技來擊退敵軍，成功拖住敵人的軍隊。楠木正成順利拖延敵軍之後，果斷決定放棄赤坂城，但是城外被四十倍的大軍重重包圍，想要逃出城池也不是一件簡單的事情。傳說楠木正成挖了一個大坑，把城內戰死者的遺體集合起來，讓他們穿上大將的鎧甲之後放火燒城。敵軍看到城池起火，事後又發現疑似楠木正成的遺體，沒有細想就匆匆撤退了。

後來鎌倉的北條家知道楠木正成沒死，決定先派大軍從大坂上岸，用數量輾壓楠木正成，隨後再進軍包圍京都。楠木正成再次發揮了守城戰的天賦，在大阪的千草城，用落石、火攻、奇襲戰等各種方法，拖住幕府軍的攻勢。而後醍醐天皇的另一個愛將足利尊氏則趁機舉兵打下鎌倉幕府在京都的據點，兩人互相呼應取得戰略優勢，導致鎌倉幕府滅亡。

楠木正成和足利尊氏，本來都是後醍醐天皇的左右手。但是在前篇的**骨喰藤四郎篇**曾經提到，足利尊氏跟後醍醐天皇因為理念不合而鬧翻，楠木正成和足利尊氏這兩個強者，終究要在戰場上決一死戰。足利尊氏前往九州招兵買馬，打敗螢丸國俊的主人，並且取得名刀骨喰藤四郎之後，率領軍隊反攻京都。

足利尊氏的軍隊從九州展開反攻，軍力像是滾雪球一樣越來越龐大，楠木正成勸天皇暫避風頭，先逃離京都之後再做打算。但是天皇身邊的大臣堅決反對，認為棄守京都就是丟了皇室的面子，並且命令楠木正成等人，在神戶附近迎擊足利尊氏的大軍。

楠木正成雖然擅長以寡敵眾，但是神戶的南邊是瀨戶內海，隨時會被足利尊氏用水軍繞背包圍。楠木正成知道此戰凶多吉少，他決定越過湊川駐守前線，採取背水之陣抵擋足利尊氏，讓其他友軍能夠保留實力撤退，此戰稱為「**湊川之戰**」。相傳楠木正成手持小龍景光，對足利尊氏發動十六波突擊，留下「七生報國」的誓言之後切腹自盡，成為軍國主義時代的忠臣典範。

骨喰藤四郎的主人足利尊氏，和小龍景光的主人楠木正成，本來都是後醍醐天皇旗下的大將，卻因為立場不同在戰場上廝殺，足利尊氏將楠木正成的首級示眾宣揚勝利之後，命人將首級梳洗乾淨之後送回楠木家，表達尊重勁敵的武士之情。

此後小龍景光就在歷史上暫時消失，直到江戶時代才重新現世，但是專門鑑定刀劍的本阿彌光悅認為此刀是偽作，不願意為這振刀背書。代代負責試斬的山田淺右衛門家則慧眼獨具買下此刀，後來將此刀獻給了明治天皇。據說明治天皇非常喜歡楠木正成，特地命人將小龍景光搭配西式軍刀的刀裝，作為自己的佩刀。

小龍景光目前是御物，收藏在東京國立博物館。因為它的主人楠木正成掀起了守城戰和游擊戰的風潮，比起平原戰的太刀，因此許多刀匠開始鍛造適合游擊戰的打刀和脇差，奠定次世代刀劍的主流。

本書相關刀劍

勁敵足利尊氏之刀：骨喰藤四郎／備前長船派：燭台切光忠、大般若長光

義輝與信長之刀

——戰國時代的威勢與榮光之刃

足利尊氏開創室町幕府之後，雖然中間歷經六十年的南北朝分治時代，但隨著皇室統一進入室町幕府的安定時期。只是好景不常，應仁之亂的發生，讓日本進入實力至上、群雄割據的戰國時代。比起雄壯的太刀，能夠對應各種突發情況、在室內戰或是地形受限的戰場都能派上用場的打刀和脇差大爲流行。

古來的傳世名刀成爲身分的象徵。室町幕府的劍豪將軍足利義輝、戰國風雲兒

織田信長，可謂戰國時代最負盛名的名刀之主。

室町時代 → 安土桃山時代

室町幕府

將軍
足利義輝
（三日月宗近、大般若長光、大典太光世）

管領
畠山政長
（藥研藤四郎）

守護大名
今川義元
（宗三左文字）

戰國大名
織田信長
（不動行光、壓切長谷部、宗三左文字、藥研藤四郎、大般若長光）

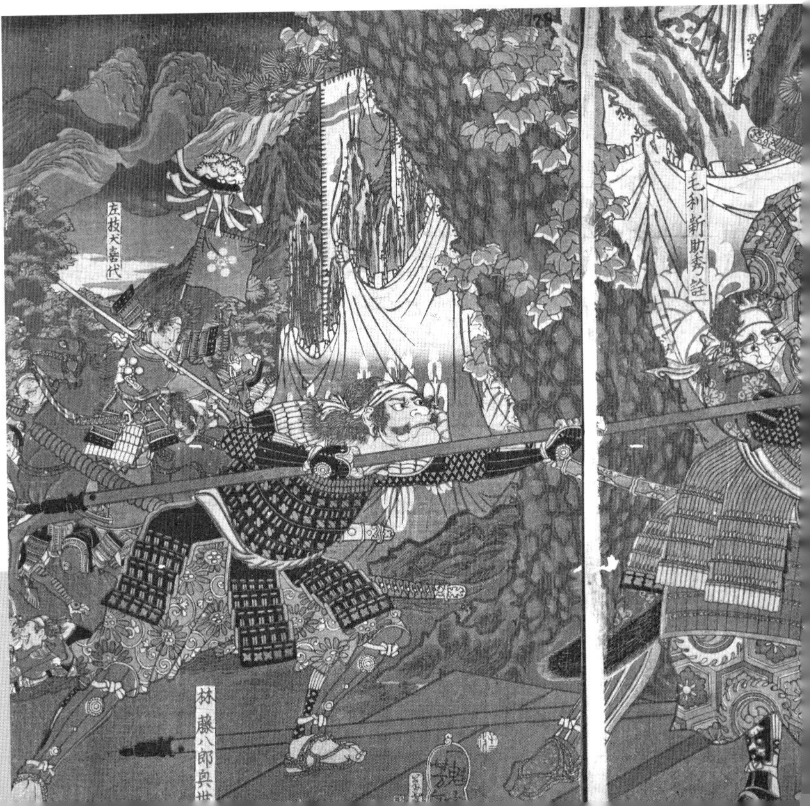

桶狹間合戰稻川義元朝臣陳歿之圖／月岡芳年

短刀

藥研藤四郎

刃長25・1公分　相傳因火災而亡佚

藥研藤四郎是山城國刀匠——粟田口藤四郎吉光的作品，雖然在歷史上有不少刀匠以「吉光」為名，但是講到吉光的短刀，就會讓人想到粟田口吉光的作品。藥研藤四郎的名號，與戰國時代的管領畠山政長有關。但是**管領**到底是什麼？管領和織田信長、豐臣秀吉這些戰國大名有什麼關係？要了解室町時代與戰國時代的刀劍之前，先讓我們快速理解室町時代的體制吧。

從**骨喰藤四郎篇**（第一一七頁）可以發現，足利尊氏是靠著各地的名門武士支持才得以建立室町幕府，因此室町幕府也必須將權力分配給這些名門武士。室町時代的架構是將軍為首的金字塔型體系，第二層是世襲管領職的超級名門大名，第三層則是擁有好幾個領國的守護大名，最底層則是各地的守護代、國人、土豪等在地階層。所謂的大名，是當時管理一國以上領土的武士，中文史料中常以「諸侯」來形容他們。室町時代本來是階級嚴明的時代，但是將軍家和大名，曾經好幾次為了利益分配，發生家族內鬥，甚至是將軍被暗殺、被流放的事件。最有名的事件就是室町時代中期的**應仁之亂**，被稱為戰國時代的起點。藥研藤四郎之名也與這場戰爭有關。

短刀藥研藤四郎的主人名為**畠山政長**，他的家族世襲室町幕府第二把交椅的管領。當時畠山家中發生了繼承人之戰，畠山政長和他的堂兄弟為了贏得繼承權，拉攏幕府各派系拔刀相助。這時候除了畠山家之外，就連室町幕府金字塔頂端的足利將軍家，還有同為管領的斯波家也發生了同樣的繼承人問題，大家都互相結黨建立派系，拉攏盟友壯大聲勢支援。而戰國時代起點的應仁之亂，導火線就是這場莫名其妙的家族大亂鬥，讓人不禁感嘆「室町幕府啊，貴圈真亂」。

因為應仁之亂的參戰勢力都是為了自身利益而結盟，沒事就會發生友軍跳槽、雙方陣營大洗牌的亂象。原本畠山政長帶著同伴順利包圍自己的堂兄弟，眼看就要取得勝利的時候，友誼的小船說翻就翻，盟友突然的倒戈讓他變成被包圍的一方。

畠山政長眼看大勢已去，不禁感慨人情炎涼。他拔出短刀**藥研藤四郎**企圖切腹自殺，但不管左刺還是右刺都無法刺進自己的身體。憤怒的畠山政長把刀一丟，沒想到短刀化作一道銀光，刺穿了鑄鐵製成的沉重藥研（藥碾子），因此被冠上了「藥研」的名號。至於畠山政長的下場呢？他拿了其他短刀順利自盡了。畢竟對武士來說，切腹自殺還能保持最後的尊嚴，若是被敵人生擒、斬首示眾，那可就是難以洗刷的恥辱了。

藥研藤四郎在戰後被足利將軍家收回。通說在劍豪將軍足利義輝被暗殺之後，這振刀落入松永久秀的手中。後來松永久秀歸順織田信長時，為了討信長歡心，把藥研藤四郎、**不動行光**和茶具九十九髮茄子獻給織田信長。一說認為藥研藤四郎在本能寺之變的烈火之中遭到火吻；一說認為是豐臣秀吉滅亡的大坂之陣成為燒身。江戶時代的第八代將軍德川吉宗曾經命人製作《享保名物帳》，留下藥研藤四郎燒損的紀錄，只知道刃文是直刃，從後此刀的燒身下落不明。

本書相關刀劍

粟田口藤四郎之作：骨喰藤四郎、藥研藤四郎、鯰尾藤四郎、五虎退吉光

太刀

三日月宗近

刃長約80公分，刀反2．8公分 **藏** 東京國立博物館

講到京都山城傳最有名的刀劍，就是山城傳始祖三條小鍛冶宗近鍛造的三日月宗近。這振刀屬於腰反，刀身的彎幅大，且刀刃基部的寬度（元幅）和刀尖附近的寬度（先幅）差異大，是具有貴族典雅氣息的細身刀。地肌是略帶不規則山紋變化的小板目肌，刃文是低調帶著變化的小亂，刀刃邊緣有稱為「打除」的眉月形刀文，雅稱為「三日月」，意思是指陰曆三日晚上的月相。是非常典型的山城傳刀劍。這振刀雖然是平安時代的傑作，但是一直過了四百年，才在戰國時代登上歷史的舞台。

通說三日月宗近是室町幕府的足利將軍家代代相傳的寶刀，最有名的持有者是第十三代將軍，人稱劍豪將軍的**足利義輝**。他曾經向當代的劍豪塚原卜傳學習劍術，習得鹿島新當流的絕技一之太刀。傳說義輝的師父塚原卜傳，年輕的時候前往祭祀建御雷神

的鹿島神社，風雨無阻地執行千日參拜，在最後一天得到神明的啟發，感悟了一之太刀。順道一提，鹿島神社供奉著和建御雷神有關的**師靈劍**。

雖然足利義輝有非常響亮的劍豪稱號，但是他的人生並不順遂。因為幕府內權力鬥爭，足利義輝的父親好幾次逃離京都避禍，雖然足利義輝十一歲就繼承將軍，但他和父親長期離開京都，直到幕府高層的權力鬥爭平息，才把足利義輝迎回京都當作橡皮圖章。可能是足利義輝深知力量的重要性，所以才會學習劍術並對名刀情有獨鍾吧。

不願成為橡皮圖章的足利義輝，除了劍術高強之外，也深知借力打力的重要性。他積極調停各地大名的紛爭，並且破格提拔地方大名，以拉攏各地勢力擁護幕府。例如長尾景虎（上杉謙信）的生家，家格其實比武田信玄低，不過足利義輝特地授予他特權和地位，讓他能與武田信玄一決雌雄，藉此換得他對足利義輝效忠。

足利義輝拉攏全國各地大名的做法，引起了當時京都最大勢力三好三人眾的警戒。他們竟然連同松永久秀的兒子，在光天化日率軍包圍足利義輝，史稱為「**永祿之變**」。一般通說認為是松永久秀逼死足利義輝，不過根據史料考據，其實松永久秀當時並不在現場，等於白白背了幾百年的黑鍋。

根據在日本傳教的耶穌會傳教士記載，足利義輝手持薙刀奮戰，被敵軍包圍而死。而江戶時代賴山陽撰寫的《日本外史》，內容經過加油添醋，描述足利義輝遭到敵軍團團包圍，他把足利家代代相傳的寶刀插在榻榻米上，斬殺蜂擁而上的敵軍。最後士兵用榻榻米當盾牌，將他包圍起來，終被長槍兵刺殺而死。因為《日本外史》在幕末時代非常流行，使得足利義輝拔刀大放無雙的說法深植人心。後來又出現了足利義輝拿出天下五劍的**三日月宗近**、**鬼丸國綱**、**童子切安綱**、**大典太光世**奮戰的說法，就算是虛構的劇情也讓人熱血沸騰。

劍豪將軍足利義輝死後，三日月宗近被豐臣秀吉的正室——北政所寧寧夫人所收藏。根據江戶時代《享保名物帳》記載，寧寧夫人曾將此刀賜給**山中鹿之介**。一說山中鹿之介的佩刀是三條宗近鍛造的「半月丸」，可能是山中鹿之介對著夜空的眉月（三日月）祈禱的故事太有名，才會把山中鹿之介和三日月宗近搭配在一起吧。根據目前可考的資料，三日月宗近在江戶時代由德川家所收藏，戰後曾經一度流入民間，後來被捐贈到東京國立博物館收藏。

三條宗近身為山城傳的開創者，在京都留下許多傳說。據說三條宗近為了感謝神明治好女兒的病，打造一把薙刀獻給神明。而每年七月舉辦的祇園祭山鉾巡行，在最前頭斬除晦氣的就是長刀鉾。在高約五十公尺的山車頂端裝上威武的薙刀，確實是威風凜凜。在室町時代，長刀鉾上就是安設三條宗近鍛造的薙刀，不過現代為了安全起見，是用竹製的長刀在外面貼上銀箔裝飾。

本書相關刀劍

相傳同為三條宗近鍛造之作：小狐丸、今劍／天下五劍：鬼丸國綱、童子切安綱

打刀

宗三左文字

刃長67公分，刀反1．56公分

藏 建勳神社

如果要問哪一振刀，最能代表戰國時代三天下人的權威，應該非宗三左文字莫屬。這振刀是九州筑前國刀匠左文字的傑作，本名左安吉的他師從相州傳的五郎正宗，名列正宗十哲之一。此刀的持有者是室町幕府管領細川家的家臣三好宗三，所以這振刀被稱為**宗三左文字**。順道一提，後來三好一族勢力不斷擴大，成為京都實際的權力者，如前篇的**三日月宗近篇**所述，三好三人眾最後以下犯上襲擊將軍足利義輝。

言歸正傳，宗三左文字被送給武田信玄的父親信虎，後來被當作女兒的嫁妝一起送到**今川義元**手上。傳說今川義元非常喜歡這振刀，親自配戴此刀參加**桶狹間之戰**。沒想到雄才大略的今川義元，竟然大爆冷門地在桶狹間之戰敗給了日本的明日之星織田信長。通說認為今川義元過於傲慢，竟然在山谷之間休息，被織田信長從山上奇襲而死，因此今川義元長期以來被抹黑成笨蛋殿下。直到近年日本史學界才重新還今川義元清白。

關於桶狹間之戰的真相、還有對今川義元的評價，目前日本歷史學界尚有許多爭論之處。無論如何，對於織田信長來說，能夠戰勝人稱東海道第一武士的今川義元，真的是一件值得慶祝的事情。**織田信長**為了紀念這件事，命金工在宗三左文字的刀莖刻上「永祿三年五月十九日義元討捕刻彼所持刀」，以及「織田尾張守信長」的刀銘，並且將這振刀磨短，從原本長二尺六寸（約七八公分）的太刀，磨短為二尺二寸一分（約六七公分）的打刀。因為桶狹間之戰的典故，宗三左文字又被稱為「**義元左文字**」。

對於織田信長來說，這是一振改變命運的刀，傳說信長非常愛惜此刀，甚至帶著這振刀進入本能寺。一說當明智光秀發動本能寺之變時，宗三左文字被本能寺之變的烈火侵蝕成為燒身。後來**豐臣秀吉**為了向天下所有大名宣示，自己是織田信長政權的接班人，命刀匠把成為燒身的宗三左文字再刃，重新找回這振刀的光輝。

宗三左文字歷經了今川義元、織田信長、豐臣秀吉等重量級人物，後來又到了**德川家康**手上，成為德川將軍家的寶物。但是福無雙至禍不單行，宗三左文字竟然歷經兩次烈火的摧殘，除了本能寺之變，又遭逢了燒掉半個江戶、死傷超過三萬人的火災「明曆大火」。包含宗三左文字在內，數十振幕府珍藏的刀劍慘遭火吻。所幸由於宗三左文字的地位特殊，德川將軍家命當代名匠越前康繼再刃。現存的宗三左文字是腰反的打刀，地肌是帶有一點小年輪模樣的杢目肌，刃文則是互目。關於燒身與再刃，請參考第四章「燒身與再刃」的段落。

歷經二度火吻的宗三左文字，在明治時代回到織田信長身邊。明治二年（一八六九），明治天皇在京都船岡山設立建勳神社供奉織田信長，當時德川宗家為了共襄盛舉，將宗三左文字奉納給建勳神社。目前此刀被寄存在京都國立博物館，見證了京都歷史的流轉。

本書相關刀劍

足利義輝之刀：三日月宗近／與管領相關之刀：藥研藤四郎／由越前康繼再刃之刀：骨喰藤四郎、一期一振

太刀

大般若長光

刃長73·6公分，刃反3公分

藏 東京國立博物館

大般若長光是備前長船派的第二代刀匠長光鍛造的太刀，長光和父親光忠（**燭台切光忠**），還有他的兒子景光（**小龍景光**）合稱長船三作，奠定了備前傳長船派的地位。專門鑑定刀劍的本阿彌家，在戰國時代留下的紀錄中提到粟田口吉光的刀價值百貫錢，相州五郎正宗的刀價值五十貫錢，而大般若長光的價值高達六百貫錢，由於這個數字正好和佛經的《大般若經》卷數相同，因此稱此刀為**大般若長光**。

只不過，備前長船的長光、粟田口吉光、相州五郎正宗都是日本史上不分軒輊的名匠，所謂沒有比較就沒有傷害，上述的評價應該僅供參考。畢竟到了江戶時代的《享保名物帳》，本阿彌家的後人對這三位刀匠的作品，都評估為小判三百枚左右，這應該是比較公正的說法。話說回來，六百貫錢換算起來大概是多少錢呢？最簡單的概算法是一貫錢等於十萬日圓，所以大般若長光換算起來是六千萬日圓，不過要套用到現代的物價，大概要再乘以十倍以上。同樣屬於備前傳的無銘一文字**山鳥毛**，在二〇二〇年就以五億日圓的金額成交，想必大般若長光的價值不會輸給山鳥毛。

筆者認為大般若長光是學習刀劍鑑賞的重要範本，這是一振腰反的太刀，地肌是略帶不規則山紋變化的小板目肌，刃文則是備前長船派當時流行的互目交雜丁子。最值得一提的是大般若長光的刀尖（切先）稱為豬首切先，這種剛健穩重的風格受到當代武士的喜愛。可參考卷頭彩頁收錄的照片。

言歸正傳，大般若長光是室町幕府足利將軍家的寶刀，一說劍豪將軍足利義輝將此刀賜給當時雄霸京畿的三好長慶，讓雙方勉強維持和平共處。但是三好長慶年僅四十三歲就過世，接班的三好三人眾容不下足利義輝，隔年就發動政變逼死足利義輝（關於這段歷史，請參考**三日月宗近篇**）。

後來織田信長擁立足利義輝的弟弟義昭上洛繼任將軍，擊敗三好三人眾、奪回大般若長光，再將此刀贈送給德川家康。大般若長光的歷代持有者——足利義輝、三好長慶、織田信長、德川家康，都是戰國時代大有來頭的人物，然而德川家康接下來卻將大般若長光送給知名度不算高、但影響了織田信長和德川家康命運的歷史人物。

此人名為**奧平貞昌**。相信就算對日本戰國時代歷史熟悉的讀者，看到這個名字也不見得能立刻想起他是誰吧。不過他和一場戰國時代的大戰非常有關，那就是俗說織田信長用三千鐵炮兵擊敗武田騎兵隊的「**長篠之戰**」。

當時奧平貞昌是長篠城的城主，他決定背棄武田家，跳槽到德川家康麾下。武田勝賴打算肅清背叛者以殺雞儆猴，而且如果順利拿下長篠城，武田就能將德川家康的領地攔腰斬成兩截。於是武田勝賴率領了一萬五千軍隊，圍攻只有五百守軍的長篠城。德川家康知道自己無力單獨對抗武田勝賴，便向織田信長討救兵，並且出言威脅織田信長——「如果你不發兵救援的話，我就乾脆投降武田家，到時候擔任武田的先鋒來攻擊你。」

當然織田信長不是被嚇大的，當時織田信長也想封住武田勝賴的發展，最後率領大軍救援，成功擊敗武田勝賴並解救了長篠城的危機。通說認為織田信長用三段鐵炮射擊，打贏武田騎兵隊。但是根據史料考據以及考古研究，發現織田信長的獲勝關鍵可能是興建陣城，加上奇襲截斷武田軍的退路因而取得勝利。而且在戰國時代，武田軍應該也沒有大規模騎兵隊的編制。

無論長篠之戰的真實情況如何，如果奧平貞昌沒有死守到最後一刻，織田與德川聯軍也沒辦法重挫武田軍。因此德川家康為了獎勵奧平貞昌死守城池，把大般若長光賜給他，還招他為女婿；織田信長則賜予他「信」字，改名為信昌。奧平家在江戶時代成為十萬石領地的大名，單看領地的收穫量，竟然能和德川四天王的本多忠勝相當。這也許是大般若長光帶來的福氣吧。

後來奧平信昌的四子成為德川家康的養子，並且改姓德川家的舊姓松平，奧平信昌便將大般若長光送給自己的兒子作為守護刀。大般若長光在明治維新之後曾經幾次易主，被東京國立博物館收購，並且被指名為國寶。

本書相關刀劍

備前長傳刀派：燭台切光忠、小龍景光

短刀

不動行光

刀刃長25・5公分 藏 私人收藏品

不動行光是鎌倉幕府所培植的刀匠藤三郎行光的作品，因為刀身上刻著不動明王以及矜羯羅、制多迦兩位護法童子，因此取名為**不動行光**。一般認為刀匠藤三郎行光是大名鼎鼎的相州五郎正宗的父親，因此如果從輩分來看，不動行光可以算是**石田正宗**的前輩吧。

不動行光在被鍛造出來的三百多年後，才正式登上歷史的舞台。室町幕府的將軍足利義輝橫死於永祿之變後，織田信長擁立其弟足利義昭上洛，重新整頓幕府。掌握權力的織田信長，命令部下與豪商，不惜重金收集茶具、名刀等名物，傳說松永久秀投其所好，將短刀不動行光與茶具九十九髮茄子獻給織田信長，得到寶刀的織田信長還一邊喝著酒一邊拍著膝蓋稱讚——「不動行光、九十九髮茄子、人才則是丹羽五郎左（丹羽長秀）」。

據說信長將不動行光賜給自己最信賴的小姓**森蘭丸**。所謂的小姓是服侍武將生活起居，為武將傳達命令、護衛安全的隨從，因為跟隨在主公身邊，自然而然與主公養成了心意相通的默契，成年之後經常擔任主公的心腹重臣。除此之外，因為戰國時代有許多關於女性的禁忌，例如女子不能協助武將穿戴鎧甲，必須由男性的侍從或是小姓來代勞，因此發展出男色的眾道文化。不過並不是所有小姓都會和主公發生男色關係，舉凡武田四名臣的春日虎綱（高坂昌信）或是真田昌幸（真田信繁之父）都曾經擔任小姓。

言歸正傳，關於織田信長將不動行光賜給森蘭丸的傳說，有好幾種細節不同的版本。一說是織田信長召集身邊的小姓，問誰知道這振刀的刀鞘上有幾個「刻」，猜對的人就把刀送給他。所謂刀鞘上的「刻」是刀鞘上面裝飾用的溝槽，由於看起來像是印籠，又被稱為「印籠刻」；另有一說是信長詢問刀鍔上的菊紋總共有幾瓣。目前沒有資料記載不動行光的刀裝，因此無法判斷哪個說法比較有說服力。

無論織田信長問的是什麼，小姓們為了討信長的歡心，爭相回答，只見森蘭丸沉默不語。好奇的織田信長詢問森蘭丸為什麼默不作聲，蘭丸說：「因為我事先就知道正確答案，如果這時候裝作毫不知情來回答，就是犯下欺瞞主君之罪」。信長大受感動，當下就將不動行光賜給森蘭丸。

織田信長與森蘭丸這對主從，最後在**本能寺之變**殞命。根據織田信長的家臣太田牛一撰寫的《信長公記》記載，明智光秀率領大軍包圍本能寺，信長在睡夢中聽見吵鬧聲，原本以為是小姓起爭執鬥毆。只見外面傳來鐵炮射擊聲與士兵的嘶吼聲，才知道是明智光秀率軍謀反。

信長先是拉弓射倒幾個敵軍，但是弓弦突然崩斷。信長改拿起長槍奮戰，不幸手肘被敵軍擊傷而退回堂內。信長不願意自

豊臣勲功記·本能寺森蘭丸討死之圖／右田年英

己的首級落入敵人手中，決定放火燒寺並在內堂切腹自盡。森蘭丸為了掩護信長切腹，在本能寺的本殿奮戰而死。關於信長之死有各種異說，一說來自莫三比克的黑人隨從彌助，帶著信長首級逃出寺廟；或是僧侶清玉上人透過密道潛入本能寺，用僧侶的袈裟包覆信長的骨骸帶出本能寺。

至於森蘭丸與不動行光，一起被本能寺的大火吞沒，成為燒身的不動行光重新再刃，傳給了織田信長之子信雄，再由織田信雄贈送給擅長弓術的小笠原家傳至現代。目前不動行光為私人藏家擁有，只知短刀不動行光的刃長二五．五公分，屬於平造，地肌是不規則山紋的板目肌，刃文則屬於直刃。

本書相關刀劍

同樣在本能寺之變遭到火吻之刀：宗三左文字／織田信長下賜家臣之刀：壓切長谷部／相州傳五郎正宗之作：石田正宗

太閤秀吉之刀

——撫慰霸者之心的珍稀之刃

戰國時代的風雲兒織田信長，在統一日本的前夕遭到明智光秀襲擊，魂斷本能寺之變。出身卑微的豐臣秀吉，成功爲主君織田信長報仇雪恨，憑藉軍師與摯友的協助，站上了時代的浪頭、統一日本。豐臣秀吉藉由收集珍稀的名刀，撫慰內心最深處的自卑感。但是隨著豐臣政權的毀滅，許多秀吉收藏的名刀慘遭火吻。

太閤五妻洛東遊觀之圖／喜多川歌麿

太刀

一期一振

刃長68・79公分，刀反2・58公分

藏 宮內廳

脇差

鯰尾藤四郎

刃長38・6公分

藏 德川美術館

一期一振是粟田口吉光鍛造的太刀，因為粟田口吉光擅長鍛造短刀，吉光鍛造的太刀數量非常稀少，而此刀又是為數稀少的太刀中的翹楚，可說是粟田口吉光的刀匠生涯中最值得推崇的傑作。因為日文「一期」指的是人的一生，故名為**一期一振**。但是此刀命運多舛，不但長度被磨短，還因為遭到火吻而由刀匠重新再刃。

一期一振最有名的持有者，就是憑一介平民之身躍升為天下霸主的**豐臣秀吉**。出身低微的豐臣秀吉，非常喜歡收集原本屬於貴族或皇室的珍品，或是名聞天下的寶物。其中特別偏好山城傳的粟田口吉光、相州傳的五郎正宗、美濃傳的鄉義弘所鍛造的刀，將它們稱為**天下三作**。特別是粟田口吉光的作品絕大多數都是短刀，一期一振更是豐臣秀吉夢寐以求的寶物。豐臣秀吉統一天下之後，他在京都建造名為聚樂第的豪邸，邀請天皇臨幸作客。當時天下的大名齊聚一堂慶賀，毛利家的當主毛利輝元將秀吉渴望已久的一期一振作為賀禮，此刀從此成為豐臣家珍藏的家寶。

豐臣秀吉病逝的十七年後，德川家康正式對豐臣家的大坂城發動攻勢，史稱「大坂之陣」。象徵豐臣政權的大坂城在烈火中化為灰燼，豐臣秀吉珍藏的一期一振也因此成為燒身。除此之外，同樣是粟田口藤四郎鍛造的脇差也遭到火吻，這把脇差名為**鯰尾藤四郎**。

據說鯰尾藤四郎原本是小薙刀，後來被磨製成為脇差，因為還約略保有薙刀原本形狀，鯰尾藤四郎比起一般的脇差來得寬，看起來像是鯰魚的尾巴而得名。這振刀也和豐臣秀吉的崛起頗有淵源。鯰尾藤四郎原為織田信長之子信雄所有，織田信雄不滿豐臣秀吉蠶食鯨吞亡父打下的政權，曾經命近臣用鯰尾藤四郎處決了暗通豐臣秀吉的家老，但是織田信雄沒有稱霸天下的才幹，最後還是降伏於豐臣秀吉旗下。豐臣秀吉素來酷愛粟田口藤四郎吉光打造的刀，自然不會錯過這振刀。

江戶時代中期的《常山紀談》記載，豐臣秀吉曾經向德川家康炫耀自己珍藏的寶物與名刀，反問德川家康有沒有什麼寶物可以拿出來拚輸贏。德川家康謙稱自己沒有足以自誇的刀，但只要他一聲令下，就有五百個武士願意為他赴死，這才是德川家傳的寶物。無言以對的豐臣秀吉當下面紅耳赤。

另外還有一則與一期一振有關的軼聞，傳說豐臣秀吉為了配合自己矮小的身材，而將一期一振磨短。但是根據文獻考據，一期一振、鯰尾藤四郎在大坂之陣成為燒身，後由德川家康命越前康繼再刃。因此一期一振比較有可能是在這時候被磨短，而非豐臣秀吉的要求。在江戶時代，隨著德川家康被奉為神明，有許多軍記小說刻意打壓豐臣秀吉，藉以抬高德川家康的地位。因此豐臣秀吉把一期一振磨短，還有上述他向德川家康獻寶卻落得自討沒趣的故事，很有可能是在江戶時代穿鑿附會杜撰的傳說。

根據《享保名物帳》的記載，一期一振再刃之後，刃長被磨短了約一六公分。再刃後的一期一振和鯰尾藤四郎，地肌呈現板目肌、刃文變成直刃帶著一點小亂。這兩振刀在之後傳給了德川家康的子孫尾張德川家。從豐臣秀吉的時代開始，兩振刀將近三百多年都被收藏在一處，不過在十九世紀的幕末時代被分開。尾張德川家將一期一振獻給了當時的天皇，從此之後成為御物；鯰尾藤四郎則留在尾張德川家，現在收藏於德川家後代開設的德川美術館。

本書相關刀劍

遭磨製成脇差之刀：骨喰藤四郎／粟田口吉光之作：五虎退吉光

打刀

壓切長谷部

刃長64・8公分，刀反1公分

藏 福岡市博物館

壓切長谷部是相州正宗的弟子，也就是正宗十哲之一的長谷部國重所作。專門鑑定刀劍的本阿彌家認為此刀原本是刃長三尺（九〇公分）的大太刀，後來磨短成為刃長二尺一寸四分（六四・八公分）的打刀。壓切長谷部和不動行光一樣，應該都是織田信長擁立足利義昭上洛之後，不惜重金收集來的天下名物。

至於「壓切」的稱號，根據江戶時代編撰的《享保名物帳》記載，有個名為觀內的茶匠觸怒了織田信長，他慌忙跑進廚房躲在櫥櫃，想等織田信長氣消再出來。不料怒氣沖沖的織田信長拔出長谷部鍛造的打刀，一刀就將櫥櫃和觀內斬成兩半，故名為**壓切長谷部**。這種直上直下的切砍稱為「壓切」，因為日本刀的設計帶有彎幅，比起直上直下的壓切，更適合從刀尖後方約二〇公分的「物打」為接觸點，沿著刀刃的曲線來斬切。

所以織田信長能用壓切的方式，將櫥櫃連同茶匠一刀兩斷，代表壓切長谷部比其他刀劍更鋒利。如果刀不夠鋒利，砍到一半的時候就會卡住，甚至可能因為用力過度，導致刀身折斷。畢竟細長的打刀，不像砍刀有厚重的刀身可以分散衝擊力。

後來織田信長向外擴展領地，與西國的霸者毛利家爭鋒的時候，位在織田與毛利勢力邊界的黑田官兵衛主動向織田信長投誠，他說服自己的主君與周遭勢力向織田家效忠，一舉擴大織田信長的勢力版圖。織田信長便將壓切長谷部賜給**黑田官兵衛**，從此之後這振刀成為黑田家代代相傳的家寶，一直到七〇年代由後人捐贈給福岡市立博物館。

黑田官兵衛成為豐臣秀吉軍師的原因，與一件謀反事件有很大的關係。當時毛利家為了反制織田軍的攻勢，拉攏了黑田官兵衛的主君，還有織田信長旗下的大將荒木村重倒戈。黑田官兵衛本來想要說服他們回心轉意，沒想到反被囚禁在地牢長達一年，當黑田官兵衛被豐臣秀吉救出地牢的時候，他已經因為長期被囚而跛足。逃出生天的黑田官兵衛，盡心輔佐豐臣秀吉取得天下。黑田家父子兩代，前後協助豐臣秀吉、德川家康獲得天下，可以說是戰國時代軍師的代名詞。

壓切長谷部的刀莖刻著「黑田筑前守」，這是發生在黑田家第二代的故事。黑田官兵衛的兒子，黑田長政繼承了父親的政治判斷力，積極拉攏當時搖擺不定的勢力加入德川家康陣營，協助德川家康在關原之戰贏得勝利。黑田長政在關原之戰後被封為筑前守，繼承了父親的壓切長谷部。但是因為這振刀沒有刀銘，黑田長政請刀劍名家本阿彌光德鑑定，確認這振刀是長谷部國重之作，因此在刀莖背面刻上「長谷部國重本阿彌光德的花押作為見證，可以看出黑田長政是個性慎重之人。

壓切長谷部是大太刀磨製的打刀，造型受到大太刀的限制，導致刀的彎幅僅有一公分屬於淺反，而且刀的寬幅變化不大，和其他同時代的打刀截然不同。此刀的地肌是不規則山紋的板目肌，刃文則是從刀刃延伸到刀背的皆燒，是一振別具特色的刀。

本書相關刀劍

黑田家藏刀：日光一文字、五月雨江

太刀

二銘則宗

刃長80．1公分，刀反2．71公分

藏 愛宕神社

太刀

日光一文字

刃長67．8公分，刀反2．4公分

藏 福岡市博物館

鎌倉時代備前國的名刀匠則宗，可說是備前傳的重要分水嶺，一般認為他開創了**一文字派**，結束了古備前的時代。從則宗開始，一文字派的刀匠習慣刻橫一文字或是斜一文字的刀銘。他受到後鳥羽上皇的青睞，成為御用的正月御番鍛冶，除了目前僅存在於傳說的**菊一文字**之外，他還留下同樣藏有許多秘密的**二銘則宗**。

這振刀為何被稱為二銘則宗，目前尚無定論。因為五字刀銘的前兩個字模糊不清，只能判斷出最後三個字是「國則宗」，一說認為刀銘應該是「備前國則宗」；也有一說認為是「則國則宗」，也就是兩個人一起鍛造的刀，不過京都國立博物館的《京之刀劍》特展否定此說法。另外這振刀又被稱為「**笹丸太刀**」，這是因為刀裝刻著細竹的模樣，因此以刀鞘的裝飾來稱呼。現存的二銘則宗，是一振腰反的太刀，地肌是明顯呈現不規則山紋的板目肌，刃文是直刃加上丁子。

二銘則宗是室町幕府初代將軍**足利尊氏**的愛刀，後來成為歷代將軍所使用的佩刀。在豐臣秀吉成為關白統一天下之後，足利義昭知道室町幕府已經失去最後一絲希望，於是向朝廷辭去將軍之職，並且將二銘則宗、大典太光世等名刀獻給**豐臣秀吉**。雖然豐臣秀吉非常喜歡具有典故的名刀，但是他命人將二銘則宗獻給京都近郊的愛宕神社，據說還在上面加上了重重封印。

江戶時代第八代將軍德川吉宗命人解開封印，將刀況記錄在《享保名物帳》中再還給神社。愛宕神社供奉勝軍地藏，被戰國時代的武將視為勝利之神，傳說明智光秀發動本能寺之變前，曾在這裡抽過三次神籤才下決定。現在二銘則宗託付給京都國立博物館保管，但是所有權還是屬於愛宕神社。

則宗開創了一文字派，後來衍生出福岡一文字、吉岡一文字等刀派。講到福岡，應該很多人會聯想到博多拉麵的福岡縣吧？其實九州福岡縣的地名，源自黑田官兵衛的祖居地——備前國福岡村（現在的岡山縣瀨戶內市長船町福岡），這也是**福岡一文字**刀派的根據地。

黑田官兵衛是豐臣秀吉的軍師。織田信長死於本能寺之變後，黑田官兵衛輔佐豐臣秀吉成為天下霸主，當時只剩下關東的北條勢力不願歸順豐臣秀吉，豐臣秀吉遂率領大軍，團團包圍北條的小田原城。眼見北條的敗亡已成定局，豐臣秀吉希望能說服北條家投降，避免雙方將士不必要的傷亡。

黑田官兵衛擔任調停的使者，他為了表現誠意，卸下自己的武器空手進入小田原城向北條勸降。在黑田官兵衛的協調之下，由北條家當主負起責任切腹自盡，換來全城士兵的活口。北條家為了感謝官兵衛的協助，將名為**日光一文字**的刀送給黑田官兵衛。

日光一文字是一振腰反的太刀，地肌是略帶不規則山紋變化的小板目肌，刃文是非常華麗的重花丁子。這振刀是福岡一文字刀派的傑作，原本供奉給關東的聖山日光山，而北條早雲向神明求得此刀作為家寶，既然北條都要開城投降了，不如送給和備前國福岡村極有淵源的黑田官兵衛，也算是一樁佳話。後來黑田家受封九州筑前國（福岡縣西部）領地，黑田官兵衛為了紀念故鄉，把福崎改名為**福岡**。

來自備前國福岡村的黑田官兵衛、以及日光一文字，從此就在九州的福岡落地生根。黑田家後人將日光一文字捐給福岡市，目前收藏在福岡市博物館。

本書相關刀劍

相傳則宗鍛造之作：菊一文字／黑田家藏刀：壓切長谷部、五月雨江

太刀

大典太光世

刃長65・1公分，刀反2・7公分 藏 前田育德會

大典太光世是九州筑後國（福岡縣南部）三池的刀匠三池典太光世鍛造的太刀，被譽為天下五劍。一說認為這是非常優秀的傑作，所以被冠上「大」字作為稱號。相傳此刀具有靈力，留下兩個相關的傳說。

相傳天下五劍，除了日蓮上人的數珠丸恆次之外，包含大典太光世的其他四振都是室町時代足利將軍家的寶刀。劍豪將軍足利義輝在永祿之變遭到暗殺之後，原本出家為僧的弟弟足利義昭受到幕府重臣的保護而還俗，並且尋求各地大名舉兵協助。最後足利義昭受織田信長擁立入京，成為幕府將軍並且正式繼承了大典太光世。但是日後足利義昭與織田信長決裂，足利義昭被逐出京都，接受毛利家的庇護。

織田信長在本能寺之變殞命，豐臣秀吉統一天下。足利義昭知道足利將軍家已經無

法復興，他正式向朝廷辭退幕府將軍之職，選擇臣從豐臣秀吉，並且將足利家傳的**大典太光世**獻給豐臣秀吉，換得領地以安享晚年。

當時豐臣秀吉膝下無子，他收養自己的好友兼重臣前田利家的女兒，當作自己的掌上明珠來撫養。這個女孩名為**豪姬**，她的生父是前田利家、養父是豐臣秀吉，真的是含著金湯匙出生的小公主。傳說豪姬小時候體弱多病，豐臣秀吉心疼養女豪姬，三度出借靈刀大典太光世，命人放在豪姬枕邊驅邪，最後乾脆將大典太光世贈送給**前田家**。

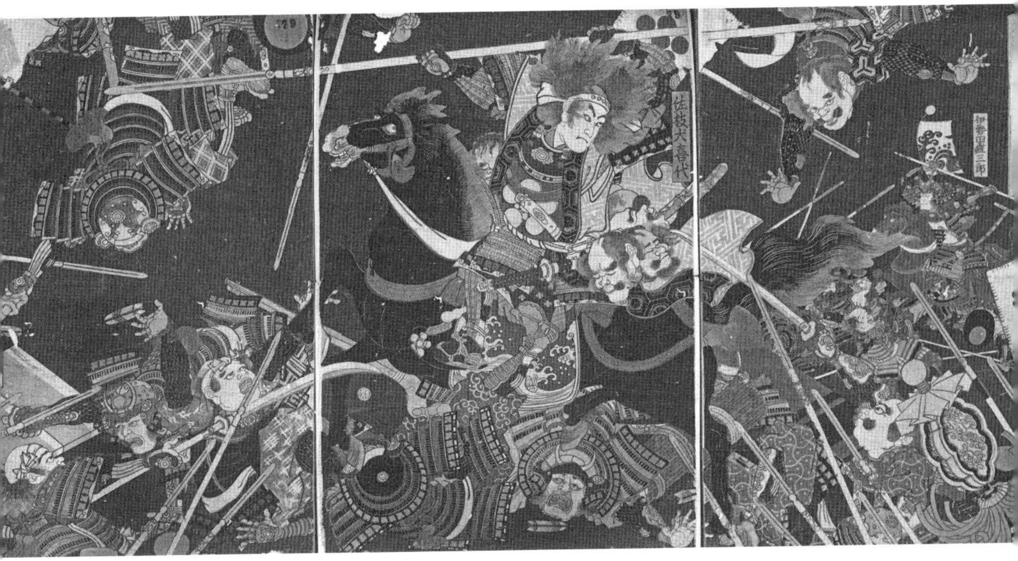

佐枝犬千代（前田利家）合戰之圖／歌川國綱
©National Diet Library

另外傳說大坂城千疊之間外的長廊，半夜經常發生鬼打牆的靈異事件，不信邪的前田利家帶著靈刀大典太光世前去查看，在靈劍的神力之下安然度過長廊。

在京都的伏見稻荷大社，流傳另一個秀吉溺愛養女豪姬的故事。傳說豪姬被狐狸纏上而久病不癒，因為狐狸又是稻荷神的神使。豐臣秀吉憤而發公文書給伏見稻荷大社，要求伏見稻荷大社的神明約束天下的狐狸不可以去惹豪姬，如果豪姬病情沒有起色的話，就要殺盡天下的狐狸來報復。幸好豪姬順利長大成人，無辜的狐狸才能逃過一劫。

長大之後的豪姬嫁給豐臣政權的重臣，也就是人稱「五大老」的青年才俊宇喜多秀家，成為當時全日本最受矚目的名流夫婦。豪姬的夫婿雖然資質平庸，但是他非常有骨氣且重視豐臣秀吉的恩情，在關原之戰選擇和石田三成一起保護豐臣家，戰敗之後被流放到遠離日本的離島八丈島，與豪姬的姻緣最終以離婚收局。回到娘家的豪姬，雖然此生再也無法和前夫、兒子相見，但在她的努力之下，前田家答應定期送米接濟他們。這個習慣後來持續了兩百多年，直到明治維新才結束，成為戰國時代的愛情典範。

言歸正傳，保佑豪姬的大典太光世成為前田家的家寶。傳說前田家將大典太光世收藏在倉庫，並用注連繩慎重地圍在四周，在大典太光世的靈威之下，沒有任何飛鳥敢駐足在倉庫。明治維新之後，前田家成立財團法人前田育德會，管理前田家代代相傳的寶物，大典太光世至今也受到前田育德會的珍藏。

大典太光世是一振腰反的太刀，雖然這振刀是平安時代末期的刀劍，但是風格比較接近鎌倉時代的武士之刀。大典太光世的刀幅比平安時代的刀更寬，且刃長只有六五・一公分，與後世流行的打刀相近。地肌是明顯呈現不規則山紋的板目肌，刃文也是平安時代流行的細直刃風格。

本書相關刀劍

大典太光世之作：騷速劍／石田三成之刀：石田正宗

神君家康之刀

——見證豐臣與德川角力的決戰之刃

出身平民的霸主豐臣秀吉，雖然藉由軍事和外交手段統一天下，但是政權的根基並不穩固。在豐臣秀吉死後，豐臣政權陷入分崩離析的危機，德川家康儼然成爲下一個繼承天下局勢的霸主。卽使逆風之路難行，仍然有兩位效忠豐臣的名將——石田三成與眞田信繁，願意賭上一切來對抗德川家康。

德川英勇揃（局部）

打刀
石田正宗
刃長68．8公分，刀反2．4公分

藏 東京國立博物館

脇差
物吉貞宗
刃長33．2公分，刀反0．6公分

藏 德川美術館

源賴朝開設的鎌倉幕府，是以關東為主的第一個武士政權。鎌倉幕府的重臣北條家為了替武士打造刀劍，招攬各地刀匠，最後形成了五箇傳的**相州傳**。集大成者是**五郎正宗**，通說他有十個優秀的弟子，稱為**正宗十哲**，包含左文字（宗三左文字）、鄉義弘（五月雨江）、長谷部國重（壓切長谷部）等人，這些刀匠都是各地的大師級人物，不難想像五郎正宗這個師祖有多厲害。

五郎正宗與貞宗，這兩人有師徒、養父子關係兩種說法，他們以鎌倉為據點發展相州傳。在戰國時代，這對師徒鍛造的刀竟然落入一對宿敵手中，也就是決定天下局勢的關原之戰兩大主角——石田三成與德川家康。

石田正宗是五郎正宗鍛造的無銘刀，因為正宗主要為鎌倉幕府的重臣鍛刀，因此通常不留下刀銘。傳說石田正宗是五大老的宇喜多秀家花了四百貫買下，送給**石田三成**的名刀。如前篇的**大典太光世篇**所述，宇喜多秀家和他的妻子豪姬不愧是豐臣秀吉特別照料的名流夫婦，講到花錢真的是毫不手軟。

豐臣秀吉晚年兩度攻打朝鮮，並且命石田三成擔任軍監，監督前線將士。軍監本來就是容易得罪人的職位，加上石田三成個性不夠圓滑，最後變成幫豐臣秀吉背黑鍋的夾心餅乾，得罪了不少在前線奮戰的將領。豐臣秀吉死後，包含**歌仙兼定**的持有者細川忠興等許多武將加入德川家康的派系，並且怒氣沖沖地打算找石田三成算帳。

石田三成得知消息之後，尋求好友幫助以逃離險境，甚至採取大膽的策略，直接找德川家康來幫忙調停。德川家康最後決定各打五十大板，一邊訓斥細川忠興不可惹事生非，一邊要石田三成卸下職務回領地思過，並且派自己的兒子結城秀康護送石田三成返回領地。

結城秀康雖然是德川家康的親生兒子，但是不得其父所愛，被送出去當養子，最後繼承結城家，所以名為結城秀康。因此比起德川家康的派系，結城秀康反而更親近石田三成。只不過送君千里終須一別，臨別前石田三成將自己的愛刀送給結城秀康作為謝禮，遂稱此刀為**石田正宗**。

石田正宗是打刀，地肌是帶著不規則山紋的板目肌，刃文以互目為主。這振刀是真正經歷過實戰的刀劍，在刀背的部分留下幾處刀痕，因此又稱為「**切損正宗**」。順道一提，石田三成收藏了好幾振五郎正宗鍛造的刀劍，除了石田正宗之外，還有名為「**日向正宗**」的短刀。

後來結城秀康雖回歸德川家族體系，但是被歸為旁系，因此以德川家原本的姓氏「松平」為姓。石田正宗便在越前的松平家代代相傳，明治維新之後曾經一度流入民間，現在收藏於東京國立博物館。

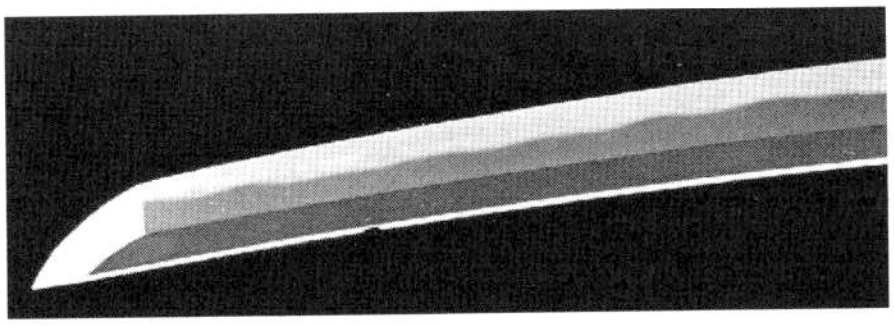

留有實戰痕跡的刀背
©ColBase

言歸正傳，石田三成回到領地閉門思過之後，德川家康指控上杉家意圖謀反，以豐臣秀吉託孤大臣的名義率兵攻打上杉景勝。石田三成看到德川家康與快樂的同伴們率兵遠征，立刻把握機會和宇喜多秀家、毛利家聯手起兵，要討伐權臣德川家康。兩軍展開了決定天下局勢的**關原之戰**。

德川家康在短短的時間之內，一下是豐臣家託孤大臣的忠心角色，去攻打和他同為五大老的上杉家。下一瞬間他又變成豐臣家中隻手遮天的權臣，遭到石田三成討伐。歷史人物的評價，真的要等到蓋棺論定那天才說得準。

根據德川家康的子孫尾張德川家的說法，德川家康打從治理三河國的少年時代開始，只要帶貞宗鍛造的短刀上戰場，就會取得勝利，因此稱此刀為**物吉貞宗**。以此說法來看，德川家康很可能是帶著物吉貞宗，打贏了關原之戰。但是根據豐臣家的紀錄，物吉貞宗本來是豐臣秀吉珍藏的寶刀，在關原之戰後才賜給德川家康。從資料的年代來判斷，應該是關原之戰後賜給德川家康，後來才交給尾張德川家。物吉貞宗目前收藏在尾張德川家後人開設的德川美術館。

物吉貞宗是一振先反的脇差，地肌是帶著不規則山紋的板目肌，刃文則是互目加上飛燒的技法。但是這振刀的刃長只有三三公分，加上刀反只有〇・六公分，從外觀來看很像短刀。日本政府將此刀歸類為短刀，並且列為重要文化財，不過收藏此刀的德川美術館則認為這振刀是脇差。從這一點也能發現，單純用長度來區分刀的種類，其實很容易產生歧異。

正宗與貞宗這對師徒鍛造的刀，一度是石田三成和德川家康這兩個宿敵的愛刀，而在江戶時代都成為德川家族的刀，石田正宗由越前松平家繼承，日向正宗在紀伊德川家，物吉貞宗則在尾張德川家。這也是一種神奇的緣分吧。

本書相關刀劍

正宗十哲之作：宗三左文字、五月雨江、壓切長谷部／德川家康之刀：騷速劍

妙法村正

刃長66．4公分，刀反1．5公分

藏 私人收藏

在日本刀的歷史中，最富神祕色彩的就是村正所鍛造的刀，也就是鼎鼎大名的**妖刀村正**。村正是伊勢國桑名的刀派，因為歷代刀匠傳承村正名號，所以「村正」泛指這一派所鍛造的刀。在村正的歷史當中，以第一代**千子村正**最出名，關於「千子」這個稱號，一說因為他的母親向千手觀音祈子；一說是因為他居住在千子山；也有一說認為他師承大和傳的千手院派，目前尚無定論。

初代村正信奉佛教日蓮宗，最有名的是他在晚年鍛造的**妙法村正**，這振刀也是村正刀派唯一被指定為重要美術品的名刀。除了刀銘村正之外，還刻著日蓮宗最信奉的經典「妙法蓮華經」五字。背後則刻上「永正十年癸酉十月十三日」，這一天正好是日蓮宗開山祖師的忌日，推測這振刀可能是為了獻給佛寺而打造。妙法村正在戰國時代由九州的大名鍋島家代代相傳，目前是個人收藏品。

妙法村正是戰國時代初期鍛造的刀劍，造型屬於先反，地肌是帶不規則山紋的板目肌轉為直紋的柾目肌，刃文則是傳統的直刃。村正所鍛造的刀受到美濃傳的影響，兩者的作風都是注重實用性勝過藝術性，因此提到美濃傳或是桑名的村正，除了幾個比較出名的刀匠之外，大部分的作品都被評為缺乏美感。

村正刀派的根據地伊勢國桑名，是東海道必經之地，船運與商業非常發達，因此村正的刀在東海道特別流行。尤其村正和德川家淵源甚深，妖刀村正的異名就是來自**德川家**。德川家康原姓松平，後來才向朝廷申請改姓為德川。相傳其祖父松平清康，被手持村正的家臣殺害，導致松平家家道中落，而其父松平廣忠，傳說也是被村正斬殺而死。

到了德川家康主政的年代，德川家發生派系鬥爭，德川家康的兒子信康涉嫌勾結武田家，打算發動政變並且反抗織田信長。由於當時德川附屬於織田的勢力之下，德川家康不敢無故違逆織田信長，他命令重臣向織田信長解釋原委，但是重臣卻沒有積極為自己的少主辯護。在織田信長**沒有指示**的情況下，這件事只好由德川家康自己來處理。最後德川家康為了穩住德川家，命自己的兒子切腹自盡，傳說用來斬下家康之子的刀，正好是千子村正鍛造的刀。

德川家康在關原之戰，打敗了忠於豐臣政權的將領石田三成。豐臣政權與德川政權的勢力互相消長，眼見德川家康就要向豐臣政權揮下致命一擊的時候，另一個忠於豐臣政權的名將真田信繁（幸村）挺身而出，在大坂之戰血戰德川家康而死。傳說真田信繁為了祈求能夠打敗德川家康，特地配戴被稱為妖刀的村正。在真田信繁之後，在江戶時代也有打算推翻幕府的地方武士，或是在幕末時代率軍包圍江戶城的皇室親王，據說他們也都以

佐野次郎左衛門之話／月岡芳年
©Los Angeles County Museum of Art
妖刀村正傳說在江戶時代作為吉原殺人事件的兇器，成為浮世繪、歌舞伎的題材。

村正為佩刀。

但根據考據，德川家康留給子孫的遺物當中就有村正鍛造的刀，因此學者推測妖刀傳說其實是江戶時代說書人穿鑿附會的俗說，德川家中並沒有忌諱村正的風氣。只是妖刀村正的傳說實在太有名了，就連德川家康的孫子，即人稱水戶黃門的德川光圀都認為真田信繁以村正為佩刀，並且稱讚真田信繁是武士的表率。德川第十一代將軍命人編撰的《改正三河後風土記》也保留了部分妖刀傳說，難怪妖刀村正至今仍名聞天下。

本書相關刀劍

日蓮上人的護身刀：數珠丸恆次

太刀

騷速劍

刃長69・6公分，刀反2・5公分 **藏** 久能山東照宮

在日本的歷史上，有幾振名為騷速劍的靈刀，其中最有名的是德川家康的愛刀，即依照德川家康的遺言安放在久能山東照宮的**騷速劍**。傳說這振刀是筑後國（福岡縣南部）三池的刀匠三池典太光世鍛造的刀，此刀藏有許多秘密，刀莖上僅刻著「妙純傳持」四個漢字，在旁邊用片假名刻上「騷速劍（ソハヤノツルキ）」；而另一面則用片假名刻上「仿鍛（ウツスナリ）」的字樣，意思是「以騷速劍為本歌所打造的仿刀，相傳妙純持有」。

在德川家康成為靈刀騷速劍的持有者之前，騷速劍的傳承充滿許多互相矛盾的謎題。江戶時代的《明良洪範》記載，這振刀原本是今川義元的部下御宿家代代相傳的寶刀；另一說這是武田信玄的兒子所珍藏的寶刀。德川家康得到這振刀之後，夜夜將此刀放在

枕邊作為守護刀，可以想像德川家康有多珍惜這振刀。無獨有偶，同一位刀匠鍛造的**大典太光世**，也在豐臣秀吉養女豪姬生病的時候，放在豪姬枕邊用來驅邪除病。

德川家康在關原之戰打敗石田三成，接著在大坂之陣攻滅豐臣家之後，他知道自己壽命將盡，便命令家臣拿騷速劍試斬罪犯，親眼確認過騷速劍的鋒利之後，他心滿意足地留下遺言：「待吾百年之後，先將吾的遺體安葬在久能山，並且將騷速劍的刀刃朝向西方安放，藉以震懾西國企圖反抗的賊人。待一周年忌後，將吾的遺體改葬於日光山，吾之魂魄將會鎮守國家庇佑子孫」。家康的子孫依照遺言，將騷速劍安置於久能山東照宮，宛如神社的御神體那樣受到敬重。目前這振刀仍收藏在久能山東照宮，並且被指定為國家的重要文化財。

話說回來，騷速劍上的刀銘又該如何解釋呢？所謂的「本歌」指的是仿刀的原型。既然久能山東照宮收藏的騷速劍是仿刀，那麼騷速劍的本歌是哪一把刀劍呢？目前連收藏此刀的久能山東照宮都無法解釋，成為刀劍收藏家心中的難題。

傳說騷速劍是平安時代初期的征夷大將軍**坂上田村麻呂**所持有的靈刀。在**小烏丸篇**（第〇五六頁）曾經介紹，坂上田村麻呂使用的是厚身的直刀。目前在京都的鞍馬寺藏有一振造型為直刀的漆黑大刀，刀刃長達七六・七公分。此外在御嶽山清水寺，藏有三振坂上田村麻呂奉納的刀，與小烏丸都屬於鋒兩刃造。但是現存於久能山東照宮的騷速

東海道五十三對・土山／歌川國芳
©National Diet Library
坂上田村麻呂和騷速劍一樣，充滿神秘的傳說，畫中描繪了他討伐鈴鹿山鬼神的情景。

劍，則是一振中反造型的太刀，地肌為帶有不規則山紋的板目肌，刃文是直刃，特別是刀尖的造型是南北朝時代流行的豬首切先。這些刀的造型大不相同，至今仍然無法判斷哪一振刀才是騷速劍的本歌。

另外根據考據，「妙純」是室町時代中期擅長鑑定刀劍的武將齋藤利國，法號為妙純，而他活躍的年代大概比德川家康早一百年。至於德川家康愛用的騷速劍，是如何從齋藤利國手上傳到御宿家、或是武田信玄兒子手上，這些問題目前也沒有答案。真的是一振充滿謎題的刀。

本書相關刀劍

三池典太光世之作：大典太光世／鋒兩刃造之刀：小烏丸

戰國大名之刀

——戰國時代雄霸一方的豪強之刃

長達一百五十年的日本戰國時代，除了掌握中央核心的足利將軍，以及人稱戰國三英傑的織田信長、豐臣秀吉、德川家康之外，還有在日本各地盤踞著雄霸一方的大名。他們在歷史的十字路口，有的選擇歸順三英傑、有的決定拔刀反抗，各自迎向不同的結局。

芳年武者無類・彈正少弼上杉謙信入道輝虎／月岡芳年
©National Diet Library

打刀

燭台切光忠

刃長67公分，現爲燒身狀態　**藏** 德川博物館

燭台切光忠是鎌倉時代中期鍛造的刀，為備前長船派之祖光忠的傑作。燭台切光忠原本是一振太刀，後被磨製成符合戰國時代風格的打刀。雖然這振刀見證了鎌倉時代、戰國時代、江戶時代的歷史流轉，但是不幸在二十世紀初期遭遇火災，導致此刀目前處於燒身狀態。特別是鎺（刀刃與刀莖之間的金屬銅片）受到高溫熔解附著在刀身上，使得燭台切光忠的燒身在刀莖的前半截閃耀著金色。此刀目前還存在許多未解之謎。

燭台切光忠前期的持有者不明，一直到戰國時代才留下相關紀錄。一說是織田信長在上洛之後，命人收集天下名物時成為其愛刀。曾經有現代刀匠接受電視台訪問，他提到織田信長將**宗三左文字**磨成二尺二寸，與燭台切光忠的長度相同，因此推測燭台切光忠和織田信長關係匪淺。

繼承織田信長霸業的豐臣秀吉成為這振刀的持有者，後來將此刀賜給東北的大名**伊達政宗**，留下一段很有意思的小故事。伊達政宗是個講究派頭，行事作風以大膽著稱的人傑，他原本無意臣服豐臣秀吉，一直拖到豐臣秀吉統一天下前夕的小田原之戰，伊達政宗才下定決心向豐臣秀吉低頭。但是伊達政宗錯過最好的時機，如今再怎麼放低姿態順從恐怕也無濟於事，因此他採取了大膽的策略。伊達政宗帶著引人注目的巨大十字架，身穿全白的衣服晉見秀吉，用誇張的行動表示自己不畏生死的決心。伊達政宗用這麼高調且別出心裁的方式向豐臣秀吉宣示忠誠，果然引起了他的興趣。最後豐臣秀吉決定從輕發落，並將伊達政宗納入麾下。

豐臣秀吉在京都南方興建了伏見城，作為晚年的居城。伊達政宗非常識趣地獻上一艘華麗的畫舫，這對豐臣秀吉來說真的是送禮送到心坎裡，使豐臣秀吉當下就將光忠鍛造的寶刀賜給伊達政宗。隔天伊達政宗佩帶此刀出席的時候，豐臣秀吉還開玩笑地指責伊達政宗是偷刀賊，命隨從把伊達政宗給抓起來，當眾演出一場你追我跑的餘興節目。從這些地方來看，伊達政宗確實是個身段柔軟，而且政治敏銳度極高的人才。

關於**燭台切光忠**的名號，傳說伊達家有個小姓無禮，被伊達政宗當場拔刀處斬，刀尖順勢把旁邊的燭台給切斷；另有一說是小姓躲在燭台後面，被伊達政宗連人帶燭台給斬成兩半。

豐臣秀吉病逝之後，伊達政宗再度發揮他的政治敏銳度，在外交上親睦德川家康，和德川本家與家康的子孫來往密切。一說伊達政宗把燭台切光忠，當作回禮送給了水戶德川家；另有一說認為水戶德川家的藩主德川賴房，某天拜訪伊達政宗在江戶的宅邸時，一見燭台切光忠就十分中意，但是伊達政宗不願輕易割愛，結果德川賴房竟然趁政宗不注意的時候，拿了燭台切就跑回水戶藩的宅邸，從此之後成為水戶德川家的寶刀。既然這時候已經是德川家的天下，伊達政宗也不再追究此事。

但在一九二三年的**關東大地震**，燭台切光忠不幸遭到火吻。長年以來認為這振刀在關東大地震後消失，直到二〇一五年，德川博物館證明這振刀仍以燒身的姿態現存於世。目前只能根據江戶時代的紀錄，知道燭台切光忠的地肌是不規則山紋的板目肌，刃文是互目加上丁子亂。

至於燭台切光忠為什麼沒有重新再刃呢？由於鋼的物理特性，在高溫時會產生內部變化，經過大火高溫灼燒的燒身，會失去原本的鋒利度以及韌性，如果隨便請人再刃，反而有很高的機率毀了這把名刀，並且降低了原有的藝術價值，因此燭台切光忠目前還是保持燒身的型態，期待有一天能重現光輝。對這部分有興趣的讀者，詳細請參考第四章「燒身與再刃」的段落。

本書相關刀劍

備前長傳派：大般若長光、小龍景光

打刀

山姥切長義（本作長義）

刃長71・2公分，刀反1・4公分

藏 德川美術館

打刀

山姥切國廣

刃長70・6公分，刀反2・82公分

藏 私人收藏

在日本刀的歷史當中，有許多摹仿名刀而打造的仿刀。而作為原型的名刀稱為**本歌**或是**本科**，通常藝術價值較高。但是有兩振以「山姥切」為名號的刀，無論是本歌或仿刀，都被認定為國家重要文化財，是日本刀界非常特殊的案例。本歌山姥切長義、仿刀山姥切國廣，雖然鍛造的年代不同，刀匠的派別也不同，但這兩振刀皆出自當代大師之手，是價值旗鼓相當的傑作。

本歌**山姥切長義**，是南北朝時代備前長船派的刀匠長義鍛造的打刀，他曾經向相州傳的五郎正宗學藝，因此他打造的刀劍融合了長船派與相州傳的特長，為了和原本的長船派做區別，稱為**相州傳備前**。特色是刃文呈現對稱形狀、像是耳朵一樣的耳型亂。

在十六世紀的日本戰國時代，山姥切長義由關東的（後）北條家所收藏。當時關東地區的武士普遍忠誠度不高，也許今天臣服北條、明天就轉而臣服上杉。北條家為了拉攏在地勢力，將山姥切長義賜給了當地的有力武將**長尾顯長**。

北條家是關東之霸，但隨著豐臣秀吉勢力越來越大，兩強終究展開一場大戰。而在豐臣秀吉率領大軍攻打北條家之前，浪跡天涯的刀匠國廣正好來到山姥切長義的持有者長尾顯長的領地。長尾顯長趁著這個大好機會，聘請國廣打造山姥切長義的仿刀，後世稱此刀為**山姥切國廣**。

國廣是一名非常有才能的刀匠，傳說他遊歷日本各地學習鍛刀的技術，國廣在觀摩並研究名刀山姥切長義後，打造了具有自己特色的仿刀山姥切國廣。兩振刀雖然有相似之處，但舉凡刀的彎幅、刃文的特色和刀莖上的目釘孔數量等，皆有不同之處，能夠看出國廣具有強烈的個人意識。本歌山姥切長義與仿刀山姥切國廣，兩振刀的刃長只差〇．

六公分，地肌是略帶不規則山紋變化的小板目肌，夾雜著帶有小年輪模樣的杢目肌。但是本歌屬於淺反，刀反只有一．四公分，刃文為互目；仿刀則是深反，刀反有二．八二公分，刃文為大亂夾雜互目。

國廣打造仿刀之後，在本歌山姥切長義刻下「本作長義天正十八年庚寅五月三日ニ九州日向住國廣銘打」的刀銘，成為考證這兩振刀的重要資料。國廣周遊各地學習鍛刀的技巧，在鍛造完山姥切國廣的隔年正式定居京都，開創了京都山城傳的堀川派，人稱**堀川國廣**。

兩振刀雖然關係密切，但在豐臣秀吉攻滅北條家之後，這兩振刀迎向不同的未來。本歌山姥切長義失蹤長達百年，在江戶時代重新現世，在一九五〇年代被認定為國家重要文化財，目前收藏在尾張德川家後人開設的德川美術館。

仿刀山姥切國廣則由北條家的遺臣**石原甚五左衛門**接收。傳說他在戰後帶著懷孕的妻子前往信濃國（長野縣），眼見妻子即將臨盆，他趕緊將妻子託給路旁結廬獨居的老婦人，自己去鎮上找醫生買藥。等到他回到草廬附近的時候，竟聽見妻子哭喊的聲音。他急忙衝入草廬，看到老婦人化為妖怪啃食嬰兒，石原甚五左衛門憤而拔刀斬向妖怪。

負傷的妖怪破窗逃跑，石原甚五左衛門沿著血跡追上去，發現一個詭異的岩洞。他朝著岩洞焚燒松枝，利用熊熊濃煙逼出妖怪，終於為自己的孩子報仇，為此刀冠上「山姥切」的名號。因此有一說認為，山姥切之名並非來自本歌長義，而是源自仿刀國廣才對。此刀後來輾轉流入井伊家，一度以為山姥切國廣和燭台切光忠一樣，毀於二十世紀初的關東大地震，後來證實此刀安然無恙，目前是個人收藏品。

本書相關刀劍

備前傳長船刀派：燭台切光忠／相州傳：石田正宗

短刀

五虎退吉光

刃長24・8公分

藏 米澤市上杉博物館（保管）

短刀

厚藤四郎

刃長21・8公分

藏 東京國立博物館

短刀

後藤藤四郎

刃長27・7公分

藏 德川美術館

五虎退吉光是山城傳的粟田口派刀匠，粟田口藤四郎吉光鍛造的短刀。藤四郎吉光鍛造的刀受到戰國武將的歡迎，除了秀吉珍藏的太刀**一期一振**、還有薙刀磨製而成的脇差**骨喰藤四郎**、小薙刀磨製的**鯰尾藤四郎**之外，其餘大多是短刀。其短刀的地肌是帶著均勻細點梨子地，地沸平均而閃耀。

而粟田口吉光鍛造的短刀之中，和皇室最有關係的就是名為五虎退的短刀。五虎退是一振八寸二分（二四・八公分）的短刀，刀身的表裡都兩條平行的凹槽，稱為**護摩箸**。刀莖上刻著吉光的刀銘。傳說室町時代的派遣使者去明國時，途中遭遇野虎包圍，遣明使緊張地拔出短刀想要自衛的時候，野虎竟然夾著尾巴逃跑了。由於這個傳說，因此稱此刀為**五虎退**。

這振短刀後來由幕府獻給皇室，後來由天皇直接御賜給**上杉謙信**，而且還有一個很巧妙的典故。上杉謙信其實不是名門上杉家的後代，他的本名長尾景虎，本來只是輔佐上杉家的地方官等級，史稱為守護代。他後來才被上杉家當主收為養子，正式改姓為上杉。但是上杉家是關東地區第二高官，如果沒有得到朝廷和幕府將軍的允許，是不能夠隨便收謙信為養子的。

上杉謙信是個戰爭的天才，當時京都的劍豪將軍足利義輝想要拉攏他，而他也需要得到朝廷與幕府的允許。雙方一拍即合，就在謙信第三次上洛的時候，獲得劍豪將軍足利義輝賜予他七項特權，允許他繼承上杉家。並且在將軍的斡旋之下，得以進入皇宮晉見正親町天皇。

正親町天皇為了獎勵上杉謙信，將短刀五虎退賜給他。因為這時候上杉謙信的名字還是長尾景**虎**，選擇賞賜五**虎**退，可以說是精妙絕倫的一手，很符合皇室風雅和講究典故的作風。

上杉謙信得到幕府將軍的特權以及天皇的加持，可說是如虎添翼，就像是頭髮變成金色的超級賽亞人一樣。他從京畿回到越後，率兵攻向關東的小田原城。在武士的聖地鎌倉鶴岡八幡宮正式成為上杉家的養子，繼承關東第二高官「關東管領」之職。

上杉謙信得到五虎退的三百多年後，明治天皇行幸到山形縣的米澤市，這裡是上杉家在江戶時代的領地。當時上杉家的當主，將當年正親町天皇御賜的五虎退呈給明治天皇御覽，此舉對上杉家和皇室來說，都是非常值得紀念的一刻。

雖然五虎退有這麼多典故，但是上杉家因為種種理由，不希望家傳寶物被列為國寶。因為在二十世紀初期的國寶法令還不完備，如果家傳寶刀被指定為國寶，不但要配合展覽，持有者還必須負起保養維護的責任，是一件非常吃力不討好的事情。因此五虎退現在受政府認定為重要美術品，由上杉家託付給米澤市上杉博物館保管。

粟田口藤四郎吉光所鍛造的短刀數量非常多，皆受到戰國武將的青睞，尤其豐臣秀吉更是特意收藏他鍛造的短刀。可惜有十餘振都在豐臣家滅亡的時候，隨著大坂城被燒毀而成為燒身或是佚失。江戶時代的《享保名物帳》記載了十六振藤四郎短刀，以及十四振成為燒身的藤四郎短刀。而藤四郎所鍛造的短刀中，**厚藤四郎**、**後藤藤四郎**被認定為國寶。接下來讓我們談談這兩振短刀吧。

厚藤四郎是被稱為「**鎧通**」的短刀，長度為七寸二分（二一・八公分），刀刃基部的元幅六分五厘（一・九公分）。刀的厚度則是一般短刀的兩倍，一般短刀的厚度約二分前後，厚藤四郎則有四分（約一・二公分）。在鎌倉時代後期，武士為了斬下敵人首級，經常會扭打在一起，這時候短刀就能發揮最大功用，給予敵人致命一擊。顧名思義，鎧通就是堅韌到足以刺穿敵人鎧甲而不折斷的短刀。

這把奇特的短刀，後來成為室町時代足利將軍家的刀，接著流落到商人手中，輾轉由豐臣秀吉旗下的家臣黑田官兵衛持有，再由豐臣秀吉賜給毛利家，最後在江戶時代獻給江戶幕府第四代將軍德川家綱。在第四代將軍的時代，發生了燒毀半個江戶的明曆大火，當時骨喰藤四郎、宗三左文字都慘遭火吻，所幸厚藤四郎逃過一劫。在昭和時代，厚藤四郎被博物館買下，後來被指定為國寶，目前收藏在東京國立博物館。

另一把被指定為國寶的是後藤藤四郎，刃長二七．七公分。這振刀的持有者名為**後藤庄三郎光次**，他是德川家康指定的幕府御用鑄幣世家。在戰國時代流行使用銅錢，但是當時日本並不生產銅錢，大多使用中國傳來的永樂錢等各種錢幣，不僅錢幣的素質參差不齊，還有許多偽幣橫行。德川家康打算重整日本國內的貨幣制度，命後藤庄三郎光次擔任江戶的金座當主，負責鑄造及鑑定市場通用的金幣的工作，並代代世襲之。此職相當於現代中央銀行的造幣局長，藉此穩定日本的貨幣制度。

在江戶幕府第三代將軍德川家光的年代，後藤藤四郎獻給幕府的重臣之後，又被獻給將軍德川家光。德川家光把後藤藤四郎當作嫁妝，送給了女婿的尾張德川家，從此由尾張德川家珍藏。目前收藏在尾張德川家後人設立的德川美術館中。順道一提，後藤藤四郎和五月雨江有非常奇妙的緣分，可參見**五月雨江篇**（第二〇四頁）。

藤四郎吉光鍛造的短刀，具有很強烈的共通性。這三振刀雖然長短有別，但是地肌都屬略帶不規則山紋變化的小板目肌，部分夾雜帶有小年輪模樣的杢木肌，刃文大多直刃為主，輔以小亂、小互目。

本書相關刀劍

粟田口藤四郎吉光之作：骨喰藤四郎、一期一振、鯰尾藤四郎

脇差

嗤笑青江

刃長60・3公分，刀反1・2公分　藏丸龜市立資料館

嗤笑青江是備中青江派刀匠鍛造的名刀。青江派分為鎌倉時代前期的古青江、中青江、以及室町時代的末青江三個時期，目前只知嗤笑青江應該是中青江時期不明刀匠的作品，天下五劍的**數珠丸恆次**則是古青江的刀匠恆次的作品。

嗤笑青江原本是二尺五寸（約七五・七公分）的太刀，後來磨製為二尺（約六〇・三公分）的脇差，但是刀幅的差異不大，刀刃基部的元幅為三・一公分，刀刃附近的先幅仍然有二・六公分，保留著太刀的剛健氣質。地肌是明顯呈現不規則山紋的板目肌，刃文則是直刃轉彎刃。

此刀的名號與妖怪有關。傳說在琵琶湖南側的近江八幡，夜晚經常看到女鬼出沒。一名當地的武士帶著備中青江鍛造的刀前往斬妖除魔，他在月光昏暗的夜裡，看到一個

抱著小孩的女子，臉上露出詭異的微笑逐漸靠近，並且開口請武士幫忙抱小孩。

武士認為這個女子一定是妖魔的化身，他拔刀將露出詭異笑容的女子砍成兩半，女子的身影卻突然消失無蹤。隔天他回到原處查看，發現一座被砍斷的五重塔，基於這個典故稱此刀為**嗤笑青江**。關於斬妖武士的身分有好幾種說法，但是故事的地點都是在近江國（滋賀縣）的琵琶湖南側。

傳說這振刀沾附了魔物的怨念，成為一把詛咒的妖刀。後來這振刀輾轉流入**丹羽長秀**手中，他就是織田信長口中歌詠的「不動行光、九十九髮茄子、人才則是丹羽五郎左」，是個擅長內政與外交的人才。據說丹羽長秀得到此刀之後，命人在刀莖刻上「羽柴五郎左衛門尉長」的刀銘，但是他得到此刀的一年多之後，因為罹患怪病而切腹自盡。火葬之後，在他的骨灰裡發現一塊大如握拳的硬石，像是石龜的模樣又有個尖嘴，而且還有個看似刀痕的凹痕，不知道這件事和嗤笑青江有沒有關係。丹羽長秀病逝之後，換他的兒子得罪豐臣秀吉，不只嗤笑青江，連同九成以上的領地都被強制沒收。

後來豐臣秀吉將嗤笑青江賜給京極家，而這把帶有詛咒的妖刀，竟突然變成了守護京極家的神聖之刀。或許是嗤笑青江的魔力，對出身近江國的武士有正面影響吧。畢竟女鬼作祟的地點是琵琶湖南側，位於近江國境內。京極家是名門佐佐木一族的分家，而佐佐木一族本來就是近江國的領主，因此能受到嗤笑青江魔力的保佑。反觀丹羽家並非近江國的武士，很可能是因為這個緣故，才讓嗤笑青江的魔力對丹羽家產生了負面影響。

時間進入到江戶時代，京極家被轉封到四國的丸龜城。傳說丸龜城裡面住著妖怪，以往的城主大多因為妖怪作祟而生病，或是生不出繼承人而被廢藩。京極家入駐丸龜城之後，將具有魔力的嗤笑青江供奉在城內，想不到原本城內的妖怪就不再出現，京極家安穩地統治此地直到明治維新為止。嗤笑青江在昭和時代一度流落民間，後來由丸龜市買下，目前收藏在丸龜市立資料館內。

本書相關刀劍

青江刀派：數珠丸恆次／受織田信長稱讚之刀：不動行光

名門傳家之刀

——富含詩意典故的風雅之刃

戰國時代結束之後，進入了和平的江戸時代。昔日爲武士殺伐兵器的刀劍，被冠上了古典和歌或是風鳥花月的典故，成爲名門傳世的寶刀。有些沉睡在藩主宅邸數百年，有些則成了拯救藩主家運或是領民的寶物。

百人一首之内・後鳥羽院／歌川國芳

太刀

古今傳授之太刀

刃長80公分，刀反2．8公分

藏 永青文庫

短刀

小夜左文字

刃長24．5公分

藏 私人收藏

古今傳授之太刀，又稱為古今傳授行平，這振刀是鎌倉時代九州豐後國（大分縣南部）的刀匠行平所鍛造。關於行平的生平有許多不明之處，只知道他向僧人定秀學習鍛刀的技術，後來成為後鳥羽上皇的御番鍛冶。一講到善於鍛冶的僧人，就讓人聯想到發源自奈良縣的大和傳，當地有許多古老的佛寺與僧院，組織僧兵並且鍛造武器來自衛，傳說定秀就是師承大和國千手院刀派。

古今傳授之太刀是室町時代的管領細川家的寶刀，後來傳到**細川藤孝**手上。細川藤孝文武雙全，不僅擅長劍術也精通和歌，是足利將軍家的忠臣。但是當足利義昭與織田信長鬧翻，被逐出京都之後，細川藤孝和明智光秀都對足利義昭感到失望，兩人遂成為織田信長的家臣。細川藤孝甚至讓自己的兒子細川忠興迎娶明智光秀的女兒，兩家關係非常親密。

後來明智光秀發動本能寺之變襲擊織田信長，明智光秀以為老朋友兼親家的細川藤孝一定會支持自己，沒想到細川藤孝決定剃度出家並以幽齋為號，給了光秀軟釘子碰。繼承織田信長霸業的豐臣秀吉，非常佩服細川藤孝精準的判斷力與軍政的長才，因此在討伐明智光秀之後重用細川藤孝。

細川藤孝雖然不是歷史的主角，但他見證劍豪將軍足利義輝之死、織田信長與足利義昭決裂、本能寺之變等歷史重大事件，自然是見多識廣。他六十七歲那年發生了決定天下局勢的關原之戰，他仍然以不變應萬變，留下古今傳授太刀的故事。

關原之戰發生的時候，細川藤孝以五百軍力駐守城池，對抗以石田三成陣營的一萬五千大軍。明明雙方的軍力一面倒，年老的細川藤孝再怎麼神勇應該也難以逆轉局勢，但是細川藤孝卻能堅守城池兩個月？這是因為朝廷費了許多心力來保護細川藤孝。

當時日本各地都發生了大大小小的戰爭，不過朝廷只在意細川藤孝駐守的城池，並且屢次派遣敕使要求雙方停戰。這背後的原因，是因為平安時代流傳下來的《古今和歌集》，無論是歌詠和歌的曲調及發音，或是解析和歌的要訣，都是採用口傳的方式，稱為**古今傳授**。而細川藤孝是精通古今傳授的文人，如果他不幸戰死沙場，數百年來的和歌文化可能會出現斷層。

細川藤孝將古今傳授的口傳奧義，以及細川家傳來的太刀，一併傳給前來調停戰爭的公卿烏丸光廣，這把太刀因此被稱為**古今傳授之太刀**。最後在朝廷的強烈干涉之下，細川藤孝交出城池並且保全性命，在關原之戰後在京都悠然度過餘生。

古今傳授之太刀後來由公卿烏丸家珍藏，在二十世紀初期流入民間，由細川家的後人重金買回，目前收藏於細川家出資成立的永青文庫。古今傳授之太刀是一振腰反的太刀，地肌兼具了略帶不規則山紋變化的小板目肌，與直線條的柾目肌兩種風格，刃文則是以小亂為主。

除了古今傳授之太刀之外，還有一振短刀與細川藤孝及和歌有關係，名為小夜左文字。根據《享保名物帳》的記載，小夜左文字是南北朝時代筑前刀匠左安吉的傑作，刃長八寸八分（二四．五公分），地肌是不規則山紋的板目肌與帶著一點小年輪模樣的杢目肌，刃文則是互目。

傳說細川藤孝得到這振刀之後，引用了平安時代西行法師的和歌「他日耆老時，能否再次越此山，**小夜中山嶺**」，並把這把短刀命為為**小夜左文字**。西行法師原本是平安時代負責護衛皇室的武士，風流倜儻又擅長和歌，他在二十三歲時突然看破紅塵，拋妻棄子出家為僧。傳說源賴朝曾經向他請教弓馬之技，但是西行法師推說自己是出家之人，早已忘卻俗世之事，並且隨手把源賴朝賜給他的銀貓，送給路邊嬉戲的孩童。細川藤孝身為武士又精通和歌，相信他一定非常崇敬西行法師吧。

至於細川藤孝為什麼會引用西行法師的和歌呢？因為這振刀和「小夜山中嶺」有很大的關係。小夜中山嶺是靜岡縣附近險峻的山路，為山賊出沒的危險之地。傳說有個寡婦打算賣掉家傳的左文字短刀來撫養幼子，但是母子經過小夜中山嶺的時候，不幸遇上山賊，母親為了保護小孩而死，左文字短刀也落入山賊手中。

孤兒一心想為母親報仇，他猜想山賊不懂怎麼研磨寶刀，日後一定會來城鎮託刀匠磨刀。所以他到鎮上拜刀匠為師，學習如何研磨刀劍。等到有一天，山賊帶著左文字短刀上門，孤兒終於能夠完成為母報仇的心願，奪回家傳的左文字短刀。這件事情傳入城主耳中，城主佩服他為母報仇的勇氣和武藝，立刻延攬他成為家臣，為母報仇的孤兒將這振左文字短刀獻給城主。後來城主將此刀送給細川藤孝，才有了小夜左文字這個名字。

細川藤孝得到小夜左文字之後，交給子孫代代相傳。直到細川藤孝的孫子細川忠利擔任藩主的時候，由於領地發生大飢荒，只好將小夜左文字賣給商人，籌措金錢拯救領民。後來小夜左文字輾轉於大名與商人之間，目前的持有者是民間的收藏家。

本書相關刀劍

細川家藏刀：歌仙兼定／石田三成之刀：石田正宗

打刀

歌仙兼定

刃長60・5公分，刀反1・4公分

藏 永青文庫

歌仙兼定是美濃傳的第二代和泉守兼定的傑作，他在刻刀銘時習慣把「定」字刻成寶蓋頭加上「之」字，因此又被稱為「和泉守之定」。他是戰國時代初期的新銳刀匠，許多戰國武將爭相向第二代和泉守兼定訂購刀劍，包括武田信玄的父親武田信虎、森蘭丸的父親森可成，都愛用他鍛造的兵器。歌仙兼定刃長約二尺（六〇・五公分），是一振偏短的打刀，雖然這振刀的名字也是來自和歌，但背後藏著血腥的傳說。

歌仙兼定最有名的持有者是**細川忠興**，他的父親是細川藤孝，也就是**古今傳授太刀**與**小夜左文字**的持有者。細川忠興傳承了父親的教養與藝術的天分，不僅擅長和歌，也向千利休學習茶道，被譽為利休七哲。但是他的脾氣非常善妒又暴躁，和自己的妻子、兒子，甚至家臣好幾次陷入緊張關係。

在前篇的**古今傳授之太刀篇**曾經提到，因為細川家和明智家長年交好，細川忠興迎娶明智光秀的女兒明智玉為妻。但在本能寺之變後，明智光秀的女兒成為了千夫所指的逆賊之女。通說細川忠興不願與她離婚，卻在輿論的壓力下，把她軟禁在小屋。明智光秀的女兒一瞬間從雲端跌落深谷，嚐盡人生各種苦惱，她在侍女的介紹之下開始信仰天主教，以洗禮名自稱細川伽羅奢。

細川忠興歸順豐臣秀吉麾下，可能是因為他想出人頭地，也有可能是他想獲取戰功來保自己的妻子。只是細川忠興的妹婿不願意歸順豐臣秀吉，細川忠興遂使計誘殺自己的妹婿，向豐臣秀吉效忠。傳說細川忠興的妹妹打算為夫報仇，拔出懷中的短刀行刺，在細川忠興的鼻樑上留下一道傷痕。

順道一提，細川忠興在得知自己的妻子改信天主教後，傳說他當面削下細川伽羅奢侍女的鼻子，想要逼妻子放棄信仰。但是夫婦兩人都是霹靂火爆的個性，棄教的事情最後不了了之，只能說細川忠興和鼻子真的很有緣分。

豐臣秀吉統一天下之後，大名得把自己的妻室送到大坂城下的宅邸，充當人質以向豐臣秀吉效忠。傳說細川伽羅奢曾經親切問候宅邸的園丁，沒想到細川忠興得知此事之後，命人將園丁處斬。如果用現代的眼光來看，細川忠興應該是愛妻愛到走火入魔的恐怖情人吧。

在豐臣秀吉死後，細川忠興決定臣從德川家康，他在奉德川家康之命出兵之前，嚴格命令留守在大坂宅邸的家臣不能丟了武士的面子，家中女子就算自盡，也不能被敵軍給俘虜。後來石田三成發動關原之戰，派人包圍大坂城內各大名的宅邸。細川伽羅奢決定一肩扛起細川家的責任，她命宅邸的眾人趕緊逃命，並且放火燒了宅邸。因為天主教不允許自殺，最後是細川家臣用長槍刺殺細川伽羅奢，再切腹殉主。

痛失愛妻的細川忠興，把滿腔熊熊怒火報復在石田三成以及當時在宅邸的眾人身上。當時細川忠興的兒媳婦，逃去其他大名宅邸避禍。細川忠興火冒三丈，命令長男立刻和妻子離婚。不過細川忠興的長男也是硬脾氣，他為了護妻，寧可與細川家斷絕關係。後來細川忠興的二男，加入反德川陣營，就算德川家康不追究，細川忠興還是冷酷地命令二男切腹謝罪。從這裡可以看到，歌仙兼定的主人細川忠興，真的是一個脾氣非常暴躁的戰國大名。

最後細川家由三男細川忠利繼承家業，即使細川忠興已經交棒給自己的兒子，但是他仍然強硬地監控家中的一舉一動。傳說他用兼定鍛造的刀，斬殺了三十六個沒有盡心輔佐少主的家臣，還引用了平安時代**三十六歌仙**的典故，將此刀稱為**歌仙兼定**。

這振刀是戰國時代鍛造的刀，造型屬於少見的先反，而且是彎幅較小的淺反。地肌是不規則山紋的板目肌與帶著一點小年輪模樣的杢目肌，刃文則是前端直刃轉為灣刃，是一振個人風格很強烈的打刀。

後來歌仙兼定由細川家代代相傳，曾經在江戶時代賜給有功的家臣。在明治維新之後，細川家當主出重金向家臣的後代買回。細川家這兩振與和歌有關的刀——歌仙兼定與古今傳授之太刀，現在都珍藏於細川家創立的永青文庫。

本書相關刀劍

細川家藏刀：古今傳授太刀／和泉守兼定之作：和泉守兼定

打刀
五月雨江
刃長71・8公分，反1・5公分
藏 德川美術館

打刀
村雲江
刃長68・2公分，刀反2・1公分
藏 私人收藏

被譽為天下三作的「粟田口」、「正宗」留下許多名刀，唯有南北朝時代的刀匠「鄉義弘」最神秘，不僅作品數量稀少，也不刻刀銘。目前已知所有鄉義弘的刀，都是靠擅長刀劍鑑定的本阿彌家鑑定出來的結果，大多數都用「江」字來記載。其中有兩振刀和天候有關。

一振稱為**五月雨江**。關於「五月雨」的名號，一說認為本阿彌家在鑑定此刀的時候，認為這是鄉義弘在五月鍛造的刀；另一說認為刀身上的刃文若隱若現，就像是抹上一層雲霧的感覺，而五月雨是陰曆五月下的梅雨，有著連綿不斷的意思。五月雨江是中反的打刀，地肌是不規則山紋的板目肌，夾雜帶著小年輪模樣的杢目肌，刃文則是小亂為主。

本阿彌家鑑定五月雨江之後，黑田官兵衛不惜重金買下此刀，後來傳給了兒子黑田長政。在江戶時代初期，江戶幕府第二代將軍德川秀忠帶著嫡子家光前往朝廷，接受朝廷冊封第三代將軍的儀式。黑田長政不惜拖著病軀，帶著自己的兒子前往京都觀禮，他知道自己命不長久，加上自己的兒子資質平庸，決定死前要做點什麼來保住黑田家。

黑田長政將五月雨江獻給德川秀忠，並說自己染病在身，希望將軍能夠多多照料自己的兒子，並請求德川秀忠賜字給自己的兒子作為名諱，是為黑田忠之。完成人生最後任務的黑田長政，在一個月後病逝。後來果然不出黑田長政所料，他的兒子與黑田的家臣鬧翻，家臣一狀告到幕府，差點讓黑田家被沒收領地。幸好黑田長政生前和德川家拉好關係，也可能是念在五月雨江的份上，最後是德川幕府偏袒黑田忠之，才讓黑田家度過這場劫難。

江戶幕府第三代將軍德川家光嫁女兒的時候，把五月雨江及**後藤藤四郎**一起當作嫁妝，送給了女婿的尾張德川家。雖然在六十年後，五月雨江被回贈給德川將軍家。但在兩百多年後的一九四五年，尾張德川家向德川宗家買回五月雨江，好讓它與後藤藤四郎再續前緣，一起保存在德川美術館。

但是另一把與天候有關的鄉義弘之刀，運氣就沒那麼好了。村雲江被本阿彌家鑑定出來之後，由天下霸主豐臣秀吉所珍藏，豐臣秀吉說刃文的沸看起來像是雲從山頭湧出的樣子，因此稱為**村雲江**。豐臣秀吉後來把這振刀送給了前田利家，因此村雲江曾經和**大典太光世**一起被保存在前田家。

在江戶時代，前田家把村雲江獻給了第五代將軍德川綱吉，自此村雲江的命運就開始走下坡。德川綱吉早年是個明君，到了晚年個性突然變得偏激，因為他的兒子夭折，加上他是狗年出生，因此下了一個非常極端的「生類憐憫之令」，明訂殺貓狗者必須處以極刑或流放外地，且不得食用雞鴨等禽類，最極端的時候甚至連打蚊子都有罪。

德川綱吉將村雲江賜給他的寵臣**柳澤吉保**，雖然這個人在歷史上評價有好有壞，但是他在小說中被寫成是「生類憐憫之令」等惡政的幕後黑手，還留下了「要在太平之世出人頭地，就要靠金錢和女人的力量」這種讓人既涉嫌貪汙又侵害女權的驚世名言，讓人聽了就皺眉頭。

也許是柳澤家的子孫不識貨，竟然在明治維新之後將村雲江和其他粗製濫造的刀捆在一起便宜出售，後來才被本阿彌家的後人證明價值。儘管村雲江被指定為重要文化財，也像是被柳澤吉保的話給詛咒似的，在收藏家之間多次轉手賣錢，目前為私人藏家所有。這振刀與五月雨江同樣是中反的打刀，地肌是板目肌夾雜柾目肌，刃文則是以直刃夾雜互目。

本書相關刀劍

粟田口吉光之作：後藤藤四郎／五郎正宗之作：石田正宗／黑田家藏刀：壓切長谷部、日光一文字

太刀

大包平

刃長89・2公分，刀反3・7公分

藏 東京國立博物館

太刀

傳・菊一文字

刃長72・4公分，刀反2・5公分

藏 德川美術館

大包平是一振非常奇特的名刀，這振刀雖然沒有被列入天下五劍，但是它和天下五劍的**童子切安綱**齊名，被稱為日本刀東西兩橫綱，可以說是西國第一等的刀劍。這振刀由古備前的刀匠包平所鍛造，一說認為這是包平最出類拔萃的作品，因此以「大」字來稱呼。江戶時代的《享保名物帳》則說此刀比一般太刀更長、刀幅也更寬大，因此以**大包平**來稱呼。

大包平是一振腰反且深反的太刀，地肌是不規則山紋變化的板目肌，刃文則是小亂帶著丁子，而刀尖是具有剛健氣息的豬首切先。因為備前國自古以來就是刀劍的產地，為了與後來的一文字派、長船派做區別，稱為古備前。順道一提，平安時代的名刀**嚴島友成**、**鶯丸友成**也是古備前的傑作，而大包平則屬於古備前比較晚期的作品。

大包平前半段的歷史不明，直到戰國時代才出現於史籍當中。這振刀的主人是世界遺產姬路城的城主**池田輝政**，據說他當時不顧家臣的反對，決定要動用軍資金買下這把名刀。後來大包平成為池田家門外不出的家寶，聲稱就算拿一個令制國的領地作為交換條件，也不會交出大包平。

大包平在一九三六年被指定為國寶，但是其中經歷了一番波折。因為池田家的祖先交代，大包平是門外不出的寶物，所以無法完成審核手續。保有**歌仙兼定**的細川家後人從中斡旋，提案說「既然祖訓說門外不出，那麼就不要經過大門，把刀高舉過圍牆提交出來如何？」大包平就這樣短暫離開家門，待審核完畢之後再送回池田家中。

但是在第二次世界大戰結束之後，以麥克阿瑟為首的駐日盟軍總司令部，為了不讓民間擁有武器，到處徵收刀劍，許多名刀就這樣被銷毀。池田家得知美軍要派人徵收大包平，連忙將大包平等名刀送去東京的博物館避難。可能因為這番折騰，最後池田家將大包平賣給政府，現在收藏在東京國立博物館。

介紹了古備前的大包平，接下來介紹和皇室有關的備前傳名刀——傳說中天皇參與鍛造的菊一文字。鎌倉時代的後鳥羽上皇對刀劍有超乎常人的執著，說起後鳥羽上皇熱愛鍛刀的原因，要追溯到源平合戰。當時平家武士帶著三神器逃離京都，在壇之浦合戰時，平家武士抱著三神器跳海自盡，唯有**天叢雲劍**沒被打撈上來，導致他成為日本歷史上第一個沒有繼承三神器就即位的天皇，堪稱是後鳥羽上皇人生中最大的憾恨。

於是後鳥羽上皇建立了御番鍛冶制度，許多備前的刀匠奉詔前去協助上皇鍛刀，其中最有名的刀匠就是則宗，他是開創一文字派的始祖，一般認為他承襲自古備前派。而後鳥羽上皇參與鍛造的刀，會在鎺的下緣部分刻上象徵皇室的菊紋，稱之為「**菊御作**」。俗說則宗特別受到上皇的青睞，獲准在菊御作上面加刻則宗所用的「一」字刀銘，要符合這兩個條件的刀，才能稱為**菊一文字**。但是目前流傳下來的則宗之作，沒有發現任何一振刀符合這個條件，因此刀劍研究者認為菊一文字是後代把菊御作和則宗之刀混為一談的說法。佐野美術館長渡邊妙子發表的專文指出，目前有十二振被稱為菊一文字的刀，但有些刀年代不符合，或是刀銘不同，連菊紋的刻法也不盡相同。

其中最容易一睹其風貌的是德川美術館的菊御作太刀，這振腰反造型的太刀，地肌是略帶不規則山紋變化的小板目肌、刃文則是大亂加上丁子。而在刀莖上還留下些許菊紋，但沒有刻上「一」字刀銘，因此館方稱此刀為**菊御作太刀**，菊一文字只能說是俗名。這振菊御作由江戶幕府的德川宗家贈與尾張德川家作為賀禮，曾一度奉納給神明，在明治時代又重新回到尾張德川家，最後收藏在尾張德川家後人開設的德川美術館。

提到菊一文字則宗，就會讓人聯想到新選組的**沖田總司**。日本作家子母澤寬筆下的《新選組始末記》、司馬遼太郎筆下的《燃燒吧！劍》和《新選組血風錄》，都描寫沖田總司使用菊一文字則宗。但菊一文字則宗目前被認為是不存在的刀，沖田總司也不可能得到尾張德川家的菊御作太刀，因此只能視作歷史小說的創作之美吧。

本書相關刀劍

北條時賴之刀：鬼丸國綱／一文字派：二銘則宗／沖田總司之刀：加州清光

幕末動盪之刀

——摸索明日道路的染血之刃

長達兩百多年和平的江戶時代，在十九世紀中葉遭逢歐美列強叩關。心懷救國志向的武士們，因爲彼此的理念不同而拔刀對戰，在鮮血與犧牲中摸索屬於日本的未來。許多爲戰鬥而誕生於世的刀劍，在實戰中折斷或損毀。

安政五戊午年三月三日於櫻田御門外水府脫士之輩會盟後於雪中大老彦根侯襲擊之圖（局部）／月岡芳年

打刀

蜂須賀虎徹

刃長69．1公分，刀反0．9公分

藏 私人收藏

打刀

長曾禰虎徹

（傳）刃長84．8公分

如果要問江戶時代最有名的刀，應該就是虎徹吧。對於江戶時代的武士來說，虎徹是夢寐以求的名品。因為在江戶時代初期，德川幕府推行了**參勤交代**政策，規定日本全國各地的藩主必須定期居住在江戶，導致許多藩主帶著親信群居在江戶，促進了武士的交流以及商業的發達。據說虎徹打造的刀，能將石燈籠一刀兩斷，吸引許多藩主或是幕府的高級武士爭相搶購虎徹，虎徹頓時成為最潮武士的代名詞。也因為如此，江戶時代中期的刀鋪，幾乎充斥著虎徹的贋品。現代的刀劍鑑賞圈，甚至流傳著「只要看到虎徹先認定是贋品」的名言。

刀匠虎徹活躍的年代是江戶時代初期，大約是戰國時代最終戰役大坂之陣的五十年後。他原本是金澤的鎧甲師，在五十歲後中年轉行，移居到江戶鍛刀。關於他轉換人生跑道的原因，有個勵志的小故事。

某天藩主想測試虎徹打造的頭盔有多堅固，命令虎徹和家中擅長劍術的武士來場矛盾大對決。虎徹看到武士殺氣騰騰的樣子，忍不住開始懷疑自己的手藝，逼得他情不自禁地中途喊停，重新調整了頭盔擺放的角度。雖然虎徹鍛造的頭盔最後沒被斬斷，但他對自己的行為感到羞愧，所以離開金澤，前往江戶學習如何鍛造刀劍。他擅長用鎧甲熔解出的古鐵來鍛刀，因此一開始以「古鐵」為銘，後來使用發音相近的「**虎徹**」來當作自己的刀銘。

虎徹晚年打了一振刀，刻有「長曾彌興里入道虎徹」的刀銘，是一振先反的打刀，刀反只有〇．九公分，是江戶時代非常流行的淺反，地肌是帶著不規則山紋的板目肌，刃文則是直刃為主夾帶一些互目。這振刀在完成隔年，由試刀人創下「二胴」的成績，代表銳利到能夠斬斷堆疊起來的兩具屍首，自此聲名大噪，最後被四國德島藩主蜂須賀家買下來，因此被稱為**蜂須賀虎徹**。這振刀由蜂須賀家流傳到幕末，據說現為私人藏家所有。

順帶補充，蜂須賀家的家祖是豐臣秀吉的得力助手蜂須賀小六，傳說他協助年輕的豐臣秀吉興建一夜城。後來隱居並將領地交給兒子管理後，他也寧願住在大坂城下，以便豐臣秀吉隨時傳喚，可說是陪著豐臣秀吉打江山的元老級人物。有一說認為蜂須賀家結合了盂蘭盆舞的傳統，創立了有名的德島阿波舞。

另一位與虎徹有緣分的武士，就是幕末時代新選組局長**近藤勇**。幕末時期，日本面對外國勢力壓境，京都陷入倒幕派與佐幕派的紛爭，發生了許多暗殺事件。而百姓出身的近藤勇，希望在亂世出人頭地成為武士，因此近藤勇、土方歲三、沖田總司這些天然理心流試衛館道場的同門師兄弟，決定一起前往京都協助幕府維持治安。在出發前往京都之前，傳說近藤勇在刀鋪買了一振虎徹。

雖然當時刀鋪的虎徹，幾乎全部都是贗品。像是蜂須賀虎徹這類的真品，都是大名或是高級武士的家寶，以近藤勇的財力根本無法負擔。但是相信帶來力量，當新選組在京都取締治安的時候，發生了史稱「**池田屋事件**」的重大歷史事件。當時新選組發現倒幕派長州浪士計畫火燒京都，還打算挾持天皇。負責維護京都治安的近藤勇，帶著沖田總司等四人，闖入池田屋鎮壓人數有五倍以上的長州浪士。傳說他在事後寫信給養父，提到沖田總司、永倉新八的刀在戰鬥中折斷，但是他的愛刀因為是虎徹之作，所以毫髮無傷。只能說，也許是近藤勇對於虎徹的愛與信念，讓這振刀昇華了吧。

雖然近藤勇等人盡忠職守，阻

城州伏見下鳥羽合戰之圖／月岡芳年
©The Library of Congress

止京都陷入大火。但在池田屋事件的四年之後，新選組及幕府軍在鳥羽伏見之戰，對上了長州、薩摩所組成的新政府軍隊。因為新政府軍取得了天皇御賜的錦旗，擔心成為朝賊的幕府軍潰散而敗。戰後，新選組自然成為新政府軍的眼中釘，近藤勇在三個月後被斬首，享年三十五歲。

除了近藤勇從江戶的刀鋪購買虎徹之外，還有大坂的豪商贈送虎徹真品，以及齋藤一在黑市幫他買到虎徹這三種說法，但是這些虎徹目前都已經亡佚，無從考證。在明治時代有個名為金子堅太郎的官員，宣稱他擁有近藤勇的虎徹，而且這振虎徹還是幕府將軍賞賜給近藤勇的名刀。這振刀在二〇一九年的網路賣場，以九十五萬日圓成交，據說刀鞘上還有金子堅太郎留下的書法字。但是這振刀究竟是不是近藤勇所用的虎徹，這一點仍然是眾說紛紜。

本書相關刀劍

新選組沖田總司之刀：加州清光／土方歲三之刀：和泉守兼定

打刀

加州清光

（傳）刃長73公分　已亡佚

加州清光和長曾彌虎徹之間，有著非常有趣的關聯。這兩位刀匠都出身加賀國金澤（石川縣金澤市），而且他們鍛造的刀也都活躍於池田屋事件。加州清光這個刀派的歷史，可以追溯到戰國時代，因為歷史上還有其他名為清光的刀匠，所以冠上加賀國的地名，稱為**加州清光**。

加州清光這個刀派，最有名的是第六代傳人，他活躍的年代比虎徹晚約三十年。當時加賀藩對於刀劍的需求降低，許多刀匠的經濟陷入困難，而且又發生飢荒，就算是擁有一技之長的第六代加州清光，也只能住進河邊搭建的小屋接受救濟。在古代的日本，從事喪葬、屠宰、皮革業的人受到輕視，大多都住在河畔的河原地帶，被蔑稱為非人者。因為第六代的加州清光曾經住在河原小屋，所以又被稱為「非人清光」。

傳說新選組一番隊長的**沖田總司**，用加州清光鍛造的打刀參加池田屋事件。當天晚上十點，沖田總司隨著近藤勇一起衝入池田屋，逮捕意圖在京都放火的長州浪士。根據後世的記載，攻堅時間大概花了兩個小時，沖田總司手持加州清光奮戰，打到一半的時候突然吐血，據說是結核病發作。另外根據新選組局長近藤勇的書信記載「沖田總司的刀尖部分（帽子）折斷」，事後為新選組保養刀的刀匠，直接說加州清光已經無法修復。

後來沖田總司還有執行過幾次任務，但是因為病情越來越嚴重，不得不退出第一線靜養身體。傳說他在近藤勇被斬首的兩個月後病逝。因為沖田總司一直是新選組相關創作題材的重要人物，無論是大正年代的戲劇、或是昭和年代的小說，經常把他描寫成俊美但病弱的天才劍士，並且為他添上其他傳說，例如沖田總司的愛刀還有**菊一文字**、**大和守安定**等。

大和守安定是江戶時代初期曇花一現的神祕刀匠，傳說他鍛造的刀鋒利無比，試斬的時候曾經留下二胴到五胴的紀錄。但是他的技藝只傳到第二代就斷絕，幾乎沒有留下其他資料。

除此之外還有另外一種說法，認為現今流傳的關於沖田總司的傳說，是將沖田總司以及新選組另一個負責暗殺任務的**大石鍬次郎**合而為一。因為大石鍬次郎也持有加州清光與大和守安定鍛造的刀，他在池田屋事件後加入新選組，幾次代替患病的沖田總司執行肅清任務，斬殺了新選組內部企圖脫隊的參謀伊東甲子太郎，被稱為「人斬鍬次郎」，最後在明治初年被斬首。可能因為沖田總司和大石鍬次郎的形象太接近，又使用相同刀匠鍛造的刀，所以才會混合拼湊成不同版本的沖田總司傳說吧。

本書相關刀劍

相傳則宗鍛造之作：菊一文字／新選組近藤勇之刀：虎徹／土方歲三之刀：和泉守兼定

打刀

和泉守兼定

刃長70・3公分，刀反1・2公分　藏 土方歲三資料館

和泉守兼定被歸類為美濃傳的刀匠，最初在美濃國的關（岐阜縣關市）發跡，特別是第二代兼定最負名聲，他鍛造的**歌仙兼定**是戰國大名細川忠興的愛刀。兼定的後人受邀移居東北的會津，為當地的武士鍛造刀劍。因為這段淵源，如果談戰國時代的兼定，通常稱為**關兼定**，移居到會津之後則改稱為**會津兼定**。

講到和泉守兼定，最有名的就是新選組副長**土方歲三**的愛刀。其實新選組和會津非常有淵源。會津藩主松平容保是德川家的遠親，他在幕末的動盪時代，臨危受命前往京都維持治安，並且帶著藩內的刀匠第十二代和泉守兼定一起赴任。當時土方歲三等人只是默默無名的浪士，而會津藩主松平容保看中他們的才能，賜與他們「新選組」之名。因此可以說沒有會津藩就沒有新選組。

土方歲三是藥商的兒子，從小就非常嚮往成為武士。司馬遼太郎的小說《燃燒吧！劍》，描寫土方歲三前往京都之前，在舊刀鋪和盲眼刀匠結緣而入手第二代和泉守兼定打造的刀，算起來和歌仙兼定是同期。然而當今的主流說法，認為這只是司馬遼太郎為了增加小說可看性而創作的故事。根據考據，土方歲三使用的和泉守兼定可能有兩振，其中一振目前下落不明，只知道近藤勇曾經寫下「土方的佩刀是二尺八寸（約八四・八公分）的和泉守兼定，脇差是一尺九寸五分的堀川國廣」。也有一說認為近藤勇記錄的這一振刀，也許就是司馬遼太郎小說描寫的第二代和泉守兼定之刀。

而另一振現存於土方紀念館的和泉守兼定，則是屬於會津兼定第十一代或第十二代的作品，刃長二尺三寸一分（約七〇・三公分），刀銘刻著「和泉守兼定，慶應三年二月日」。這振打刀的地肌是不規則山紋的板目肌，夾雜直線條的柾目肌，刃文則是美濃傳著名的三本杉。這振刀能夠流傳到現代，背後隱藏著一段主從之情的故事。

土方歲三身為新選組的副長，監督組員並且維護京都治安。但是因為幕府倒台，加上新選組殺過許多長州的激進分子，導致明治維新之後，長州派的新政府軍將新選組與會津藩視為眼中釘。長州派為主的新政府軍攻進會津，新選組的土方歲三與齋藤一曾到會津協助昔日的主公松平容保。但是最後會津城破，相傳長州軍還對會津人多方羞辱。

　土方歲三轉戰京都、江戶、會津，最後從仙台前往北海道的函館，與昔日幕府的成員籌組蝦夷共和國，繼續與新政府軍對抗。不過最終土方歲三知道這場戰爭已經沒有勝算，他命令隨侍在側的勤務兵**市村鐵之助**，將自己的遺髮和愛刀和泉守兼定送回老家。

　不過敬愛土方歲三的市村鐵之助不願接受這個命令，說自己早已下定決心戰死沙場，如果土方歲三要趕他走的話，他寧可當場切腹自殺。土方歲三聽了之後，殺氣騰騰地說「違抗軍令者殺無赦」。也許市村鐵之助被土方歲三的氣勢給震懾，也有可能是感受到土方歲三其實想讓他活命。最後市村鐵之助含淚接受命令，將土方歲三的遺物送回老家。最後土方歲三在五稜郭之戰奮戰而死，年僅三十五歲。

本書相關刀劍

和泉守兼定之作：歌仙兼定／新選組近藤勇之刀：虎徹／沖田總司之刀：加州清光

陸奥守吉行

刃長66・7公分，現為燒身狀態 **藏** 京都國立博物館

陸奥守吉行是江戶時代前期的大坂刀匠，後來他受到土佐藩（高知縣）的邀請，前往土佐鍛造刀劍。陸奥守吉行並不是多產的刀匠，目前留存下來的刀都與幕末的維新志士**坂本龍馬**有關。坂本龍馬是最受歡迎的日本歷史人物排行榜前三名，傳說他個性開朗，積極接受外國知識，和織田信長一樣都被譽為是能夠改變日本的偉人。

話說坂本龍馬是土佐藩的下級武士之子，因為家族是當地豪商的分家，因此坂本龍馬的眼界與思考方式都和一般的武士不同。身為藩士的他理應為土佐藩效力，但是他認為藩的方針與自己的想法不合，毅然決定脫藩前往江戶。當時脫藩是一件非常嚴重的事情，不但會被藩追捕，就連家人都可能受到牽連。從這件事可以看出他是個大膽之人。

坂本龍馬原本屬於主張驅逐洋人的攘夷派，後來受到啟發，明白日本如果要和國際

列強競爭，就必須要厚植貿易、建立西式海軍，並且通曉當時的國際法，才能為日本爭取權益，搖身一變成為**開國派**。龍馬不僅劍術高強，思想也很前衛。傳說他曾經對朋友說「看起來氣派的長刀，在實戰的時候不如短刀靈活」，下一次碰面的時候，龍馬又說「手槍比刀劍更管用」，後來又拿著國際法說「未來是國際法的時代」。雖然這個傳說應該是後世穿鑿附會的創作，但確實很符合坂本龍馬的個性。

坂本龍馬最大的功績，就是他促成了薩摩與長州的同盟，並且創立了海運貿易公司，為長州調度槍砲火藥。傳說坂本龍馬為了建立嶄新的日本，將自己的想法寫成《船中八策》，影響了日後明治政府的治國方針。

雖然坂本龍馬促成薩長同盟，影響江戶幕府的垮台與新政府的建立。但是坂本龍馬的各種行為，引來新選組等佐幕派人士的仇視。在推動薩摩與長州同盟的時候，坂本龍馬遭到幕府方的追殺，儘管他拔出手槍迎戰，還是被砍斷兩隻手指。事後坂本龍馬寫信給家鄉的哥哥，希望能拿家傳寶刀**陸奥守吉行**來護身。

可惜坂本龍馬終究躲不過劫難，在明治維新的前一年遭到暗殺。當時傳說是新選組命令大石鍬次郎刺殺坂本龍馬，而大石鍬次郎也一度認罪，到後來才翻供。根據目前的歷史研究，認為是維持京都治安的另一組人馬**見迴組**所為。

坂本龍馬死後，陸奥守吉行由他的外甥繼承，後來外甥移居北海道，家中不幸遭逢大火。陸奥守吉行受到烈火的燒灼後，竟變成沒有彎幅的直刀，刀上的刃文也消失了。筆者曾經向鍛刀師請教，如果刀劍長時間受到高溫燒灼，有可能會喪失鍛造時的物理特性，變回還沒有鍛造前的直刀形狀。

成為燒身的陸奥守吉行，地肌已經無法辨認，刃文還留下一點丁子的痕跡，但是大部分被刀匠重新研磨為直刃。除此之外還發現刀稜遭到切損，很有可能是在實戰中被削切掉一部分。這振刀後來捐獻給京都國立博物館，儘管一度認為這振刀不是坂本龍馬所使用的陸奥守吉行，但後來透過博物館的儀器檢測，終於判定這振刀應該就是龍馬的愛刀沒錯。

本書相關刀劍

大石鍬次郎之刀：加州清光

第三章

刀的流派與名刀匠

古刀之五箇傳

本書在第一章「何謂日本刀」的段落曾經提到，日本刀依照歷史分為古刀、新刀、新新刀、現代刀四種時代。其中以古刀，也就是八世紀末期的平安時代到十六世紀末的戰國時代期間鍛造的刀最具特色。到了十九世紀的明治時代，日本刀研究者將日本自古以來的刀派與刀匠，依照活躍地區與時代區分了刀劍的五大派系，將這五大派系的鍛造法統稱為「**五箇傳**」。

「五箇傳」以古國名命名，分別是大和傳（奈良縣）、山城傳（京都府）、備前傳（岡山縣）、相州傳（神奈川縣）、美濃傳（岐阜縣）。五箇傳在刀的形狀、地肌、刃文上呈現不同特色，是刀劍鑑賞時最具參考性的區分方式。當然古刀除了這五大派系之外，在日本的東北、山陰、九州地區也都有著名的刀匠。

大和傳：剛健勇猛的護法之刀

大和傳以大和國（奈良縣）為名，是五箇傳中年代最古老的派系。遠從三世紀的古墳時代，一直到八世紀末遷都到京都之前，日本的都城絕大多數位在奈良縣境內。加上當時奉佛教為鎮護國家的國教，從中國與朝鮮半島傳來的刀劍鍛造技術傳入此地後，刀匠為皇室與寺廟服務。即使都城後來遷到京都，還是有許多佛寺受到貴族的供養。也有許多佛寺與僧院組織僧兵保護寺院，繼續研究鍛造刀劍等武器的技術。

大和傳奉傳說中的刀匠**天國**為始祖，

《職人盡繪詞》中描繪的鍛刀景象。
©National Diet Library

他最有名的作品是平家的寶刀**小烏丸**。目前講到大和傳的著名刀派，以平安時代中期的千手院派為首，加上尻懸派、當麻派、手搔派、保昌派，合稱為大和五派。

●大和傳的特色

大和傳刀劍是彎曲幅度較大的**深反**；彎曲的中心點在刀刃的中央，屬於**中反**，因為彎曲的幅度左右對稱像是輪子，又稱為「輪反」。刀稜（鎬筋）特別突出，而且在刀稜到刀背之間的寬幅比其他刀派寬闊。刃文以**直刃**為主，地肌則是以看似直紋的**柾目肌**與山紋的**板目肌**為主，浮現著顆粒明顯的中沸，整體上給人一種**剛健勇猛**的印象。早期大和傳的刀劍大多是為了佛寺而鍛造，因此刀劍通常不刻刀銘，或者是將薙刀、長卷等長柄武器磨製成脇差，傳世的數量極少。

山城傳：典雅細緻的貴族之刀

山城傳以山城國（京都府）為名，起步的年代比奈良縣的大和傳還晚，要到八世紀末期皇室遷都平安京之後才開始發展。平安時代的主政者是皇室，還有以外戚身分掌握朝政的藤原氏等公卿貴族，所以山城傳服務的對象大多是皇親國戚，特別講究優雅細長的造型以及典雅的刃文。到了十一世紀的平安時代晚期，源平合戰讓武士對於刀劍的需求激增，山城傳迎來了最興盛的高峰期。

山城傳奉**三條小鍛冶宗近**為始祖，傳說故事設定三條宗近和斬妖伏魔的源賴光、安倍晴明，都是是十世紀的人物。但是實際考據應該是十一世紀的刀匠。三條宗近創立了三條派，後來衍生出五條派、粟田口派、來派等許多刀派。

●山城傳的特色

山城傳的刀劍以平安時代主流的太刀為主，造型大多優美細長。刀身的寬幅由寬變窄，刀刃基部的寬度（元幅）較寬，刀尖附近的寬度（先幅）較窄。彎曲的中心點位在刀刃的中央，和大和傳的刀劍都屬於**中反**，不過山城傳的刀劍形狀更雅，又稱為「京反」或是「鳥居反」。順帶補充，在京都國立博物館《京之刀劍》特展，提出中反和腰反其實非常難辨別的說法，因為刀莖的造型或是刀身的寬度變化，都會影響視覺判斷。

山城傳刃文乍看之下是**直刃**，但是細部則有不規則的**小亂**。山城傳的刀匠特別喜歡在小地方下功夫，因此刃文裡面還藏有看似黑色細紋的金筋。地肌以略帶山紋變化的**小板目肌**為主，帶著像是細沙般的小沸，這些小細節為山城傳刀劍賦予**優雅細緻**的韻味。

●山城傳的代表性刀派

三條派：三條派的刀劍大多是為公卿鍛造的太刀，刀的形狀長而細，多為優雅的中反。刀身較薄但是彎幅大，刀尖是優雅的小切先。能在刀身看到像是細沙般閃耀的小沸，地肌是略帶變化的小板目肌，交雜著帶有一點小年輪模樣的杢目肌。特別是三條派之祖小鍛冶宗近鍛造的刀，在刃文與刀稜之間，有著像是眉月的**打除**而聞名，代表作為**三日月宗近**。

三條宗近的子孫國永移居到五條，開創了**五條派**，兩者風格大致相近，但是五條派的刀受到武士文化的影響，刀的彎幅從刀刃中心移向刀柄方向，被分類為腰反，代表作是**鶴丸國永**。

粟田口派：粟田口起源於平安時代末期，延續了山城傳講求典雅的風格，地肌是帶著均勻細點的梨子地，刃文是以範圍較窄的直刃為基底、夾雜小亂。粟田口派在粟田口藤四郎吉光的年代最興盛，尤其吉光特別擅長鍛造短刀，他鍛造的短刀地肌延續傳統的梨子肌，刃文以直刃夾雜略帶規律的互目，在燈光下能看見到細微的小沸，代表作有冠上「**藤四郎**」之名的短刀、**五虎退吉光**，還有太刀**一期一振**。可惜在十四世紀的南北朝時代，京都屢次成為戰場，粟田口派因此沒落。

備前傳：順應潮流的百變之刀

備前傳以備前國（岡山縣）為名，起源年代大約在十一世紀的平安時代晚期，比山城傳略晚一點。備前國境內有良質的樹木能夠燒製木炭、清澈的河川能夠鍛刀，而且這裡是西日本通往京都的交通樞紐，往北能得到良質的砂鐵，可以說是全日本最適合鍛造刀劍的地區。目前在日本被列為國寶、重要文化財的名刀，備前傳的刀劍就占了半數以上。備前傳是五箇傳中活躍時間最長的派系，以十三世紀的鎌倉時代作為分界，鎌倉時代以前稱為**古備前**，奉**備前友成**為始祖。在鎌倉時代發展出**福岡一文字**、**備前長船**這兩大刀派。古備前、福岡一文字、備前長船具有共通性，但是各自展現出不同的風格。

●備前傳的特色

備前傳在不同時代有不同的特色，共通點是刀的形狀以**腰反**為主，也就是刀的彎曲中心點比較靠近刀柄，和同時期以中反為主的大和傳、山城傳不同。地肌以**板目肌**、**杢目肌**為主。早期古備前刀劍的刃文是以優雅的**直刃**為基底、夾雜**小亂**；到了鎌倉時代之後突然變得花俏，轉變成**丁子文**為主的複雜模樣。備前傳的刀劍特色是帶有雲霧感的匂；但是後期的刀匠融合鎌倉的相州傳風格，刀劍的特色從雲霧感的匂變成細沙模樣的沸。可以說備前傳是對時代潮流最敏感的派系。

●備前傳的代表性刀匠

古備前：古備前刀派奉友成為始祖，打造的刀劍彎曲幅度大，而且是彎曲的中心點靠近刀柄方向的腰反。地肌是略帶不規則紋路的板目肌，刃文以直刃為基礎、帶一點小亂。整體來說保有平安時代的貴族風格，但在刀的造型與質感有自己的堅持。代表作為**嚴島友成**、**鶯丸友成**。

福岡一文字：福岡一文字奉則宗為始祖，則宗與他的兒子受到當時後鳥羽上皇的重用，成為協助天皇鍛刀的御番鍛治。一文字派延續了腰反的造型，地肌是夾雜著一點年輪花紋的杢目肌，但是刃文的風格突然變得非常奔放，以繁複的重花丁子亂為主，被稱為刃文華麗天下第一。代表作是**日光一文字**。

長船：長船派師承古備前派，後來取代福岡一文字派，成為備前傳的代表性刀派。長船派奉光忠為始祖，刀的造型同樣是備前傳主流的腰反，地肌則延續了古備前傳的板目肌。

長船派的刃文變化多端，始祖光忠的刃文是丁子亂，代表作為**燭台切光忠**；第二代長光早期延續父親傳承的丁子亂，後來逐漸轉變為沉穩的直刃，代表作是**大般若長光**。第三代傳人景光是帶有規律性彎曲的互目，代表作是**小龍景光**；第四代傳人兼光曾經前往鎌倉，向相州傳始祖五郎正宗學藝，身兼備前傳與相州傳技藝的兼光風格多變，刃文有互目、丁子，將原本備前傳講求的匂，改成具有相州傳風格的沸。四代傳人都有自己的風格，難怪備前長船刀派能在千餘年的刀劍史中占有一席之地。

相州傳：霸氣豪爽的武士之刀

相州傳以相模國（神奈川縣）為名，這裡是鎌倉幕府的根據地。在十三世紀的鎌倉時代中期，幕府認為要在領地內扶植刀劍鍛造產業，邀請了當時赫赫有名的刀派——粟田口派、福岡一文字派的刀匠，前往鎌倉鍛造刀劍。因此相州傳融合了各地的鍛刀技術，在**五郎正宗**的時候集大成，技術力堪稱當代第一流的水準。

相州傳從原本的技術輸入，轉變為技術輸出，吸引各地的刀匠前來鎌倉學習五郎正宗的技藝。正宗門下有十個傑出的徒弟，稱為**正宗十哲**，他們分別啟發了各地的刀派，特別是促成了美濃傳的誕生。但是隨著鎌倉幕府在十四世紀滅亡，鎌倉的相州傳失去了原本的活力。

●相州傳的特色

相州傳的刀劍以**中反**為主，也就是彎曲的中心點位在刀刃中央。相州傳雖然和山城傳、大和傳一樣都是中反，但是相州傳的彎曲幅度較小，屬於**淺反**。而且刀身的寬幅（身幅）較寬，從刀刃基部的寬度（元幅）到刀尖附近的寬度（先幅）差異不大，即使刀尖受損或折斷也比較容易修復，是霸氣的武士之刀，與後寬前窄的貴族之刀不同。

地肌以**板目肌**為主，刃文是醒目的不規則**灣刃**、**丁子**為主，甚至是從刀刃到刀背都有刃文的「**皆燒**」。相州傳特別擅長熱處理技術「燒入」，鍛造刀劍的爐溫較高、淬火的溫差較大，容易在刀劍上形成顆粒更明顯的「荒沸」，展現出豪爽的武士風格，可以說是五箇傳中最具霸氣的派系。

●相州傳的代表性刀匠

正宗：正宗是相州傳的集大成者，他鍛造的太刀經常被後人磨成打刀或短刀，因此留下刀銘的作品很少，一度被認為是虛構的刀匠。他經歷了蒙古攻打日本的時代，看到許多講求美觀與銳利的刀劍受損或折斷，所以致力於改良日本刀的耐用性，以及便於修復的實用性。

正宗作品的身幅寬大，刀稜的位置比較接近刀刃，這樣能夠加強刀稜到刀背之間的厚度。刃文以不規則的灣刃為主。特別是「燒入」的溫度差激烈，產生了明顯的沸。代表作是**石田正宗**、**日向正宗**。

正宗十哲：正宗門下的傑出弟子，影響日本各地的刀派。除了留在鎌倉繼承衣缽的貞宗之外，有二人（志津三郎、金重）成為奠定美濃傳基礎的巨匠，二人（兼光、長義）發揮所學改革備前傳，其餘弟子分別前往京都（長谷部、來）、北陸（則重、鄉義弘）、九州（左文字），為日本刀的進化注入了新血。以下介紹正宗十哲代表性的三人。

貞宗：五郎正宗的弟子兼養子，他留在鎌倉繼承正宗的技法。作風比師父正宗平穩，但是擅長雕刻，他鍛造的刀劍大多刻有梵文、佛教法器等造型。目前傳世的刀劍都沒有留下刀銘，代表作是**物吉貞宗**。

左文字：五郎正宗的弟子，出師之後前往九州筑前國（福岡縣西部）自立刀派。地肌繼承了相州傳的板目肌。特色是華麗的刃文，他將灣刃發展成像是盛開牡丹花的「**大亂**」，就連刀尖也有刃文。代表作是**宗三左文字**。

長谷部：五郎正宗的弟子，因為他出身大和國，兼具了大和傳與相州傳的風格。長谷部出師之後前往京都發展，繼承了相州傳刀劍的寬大身幅、板目肌以及豪壯的刃文。刀的彎弧不同於相州傳的中反，屬於先反。代表作是**壓切長谷部**。

美濃傳：追求平衡的實用之刀

美濃傳以美濃國（岐阜縣）為名，是五箇傳發展最晚的系統。美濃傳崛起於十四世紀的南北朝時代，因為這裡位處近畿地區與東海地區的接點，是戰略及交通的樞紐，當地的刀匠擅長鍛造品質穩定的量產刀劍，滿足戰爭對武器的需求。儘管美濃傳一度被認為是量產品（數打物），藝術價值不高。但是這裡的刀劍繼承了相州傳的高度技術，特別受到織田信長等戰國大名的喜愛。

美濃傳和相州傳有很大的關係——正宗十哲有兩個門徒來到此地發展，**志津三郎**被奉為美濃傳的始祖，將大和傳與相州傳融合成全新的美濃傳；另一位門徒金重成為關派的始祖，後來衍生出關孫六兼元以及和泉守兼定這兩個刀派。

●美濃傳的特色

美濃傳可以說是刀劍的量產兵工廠，除了大師的傑作之外，其他刀劍缺乏藝術性。美濃傳的刀劍為了對應多變的戰場，大多生產當代流行的打刀。並且為了講求實戰用途，刀的形狀是彎曲幅度不大的**先反**。刃文根據刀匠而有差異，大致上屬於不規則山紋的**板目肌**，或是帶有年輪形狀的**杢目肌**。最具代表性的刃文稱為**三本杉**，看起來像是左右低中間高的三株杉樹，屬於互目的延伸刃文。美濃傳和備前傳的刃文表現，都會出現看似雲霧狀的匂。但是因為美濃傳師承相州傳，多少會帶一些像是細沙的沸。

●美濃傳的代表性刀匠

和泉守兼定：代代繼承和泉守兼定名號的刀匠，其中最有名的是第二代兼定，又稱為之定。他擅長打造鋒利的打刀，刀的身幅較寬，刀刃基部與刀尖的寬度差異不大。刃文是互目延伸出來的「互亂目」。代表作為**歌仙兼定**。後代子孫受邀前往東北的會津，又稱為會津兼定，代表作是土方歲三的愛刀**和泉守兼定**。

關孫六兼元：關孫六兼元與和泉守兼定是同宗，並稱為美濃傳的雙璧。關孫六打造的刀是彎曲幅度較小的淺反，美濃傳代表性刃文「三本杉」是他的獨創絕活。現代知名的日本廚刀關孫六，據說就是繼承了此刀派的技法。

古刀的其他刀派

古伯耆：位在山陰地區伯耆（鳥取縣）的刀派，此處自古以來就是良質鐵砂的的產地，以生產強而有力的太刀著名。刀的形狀是彎曲幅度很大的深反，地肌以板目肌、刃文以小亂為主。著名的刀匠是伯耆安綱，代表作為**童子切安綱**。

青江：備中國（岡山縣西側）的刀派。地肌以自然彎曲的小板目肌為主，特別是鋼的顏色呈現純淨的深青色，雅稱為「**澄肌**」。刃文以直刃為主。青江和備前傳都以鎌倉時代為分界，時代較早的古青江的刀身較窄，造型逐漸轉變為腰反，代表作是**數珠丸恆次**；鎌倉時代之後的中青江的刀身變寬，造型屬於中反。代表作是**嗤笑青江**。

村正：素有妖刀之名的刀派，根據地是伊勢國桑名（三重縣桑名市）。傳說第一代刀匠千子村正，受到大和傳千手院派的耳濡目染，後來拜在美濃傳門下學藝，同時具備大和傳和美濃傳的風格。村正鍛造的刀造型通常屬於淺反，地肌是帶有年輪狀的杢目肌為主，刃文因刀匠而異。最大的特色是鯽魚腹形的刀莖，又稱為**村正型**。被評為講求鋒利但是欠缺美感。

鄉義弘：鄉義弘身為正宗十哲，刀的特色沿襲師父正宗的風格，加上他不刻刀銘，因此鑑定特別困難。目前只知道他鍛造的刀和師傅正宗相比，刀刃到刀稜之間比較飽滿，刀的厚度略厚。刀劍鑑定界常說「鄉義弘的刀和妖怪一樣，只有傳聞但是卻沒人看過」，被稱為古刀中最難入手的作品。

安土桃山時代的新刀與江戶時代的新新刀

在十六世紀末的戰國時代，天下亂世在織田信長與豐臣秀吉的年代逐漸歸於統一。在大一統的政權之下，原本分屬各地的刀派互相交流影響，五箇傳的技法逐漸失去了地區限定的特色。日本的刀劍研究者以豐臣秀吉統一天下作為起點，將直到江戶時代中期刀劍改革的一百多年間，稱為「**新刀**」的時代。

這個時代傑出的刀匠，大多身兼數種五箇傳的技術，最知名的刀匠是京都的**堀川國廣**、北陸有**越前康繼**、還有從鎧甲師轉行成為刀劍師的**長曾彌虎徹**。這時候已經難以區分五箇傳，新刀的風格以刀匠所居住的城市為主，大致上區分為來自三大都市的「京物」、「大坂物」、「江戶物」，其餘還有仙台、金澤、薩摩等大城市。

江戶物重實用性，造型多為淺反，刃文是筆直的直刃或顯眼的大亂，不喜歡在刀身上做雕刻裝飾，展現出江戶直來直往的大剌剌氣質；京物與大坂物較注重華麗，造型仍保有彎幅，在刃文用盡巧思，流行菊水、飛燒等華麗的技法，並流行在刀身上雕刻。

但是日本刀在此時突然停滯下來，成了彰顯身分的產物。江戶幕府第八代將軍，也就是人稱暴坊將軍的德川吉宗為了提倡尚武精神，命令專門鑑定刀劍的本阿彌家整理各大名家傳的古刀，編撰出《享保名物帳》，成為現代考據刀劍歷史的重要依據。

十八世紀末期，**水心子正秀**、**源清麿**等刀匠倡導復古，追求鎌倉時代的相州傳古法，堪稱是刀界的文藝復興，這時候的刀稱為「**新新刀**」。

●新刀的代表刀匠

堀川國廣：居住在京都的堀川國廣，他和江戶的長曾彌虎徹，被稱為新刀的東西兩大橫綱。國廣出身九州，曾經前往關東修行，最後進入山城傳三條派門下學習，集各地的特長創立了堀川派。他的刀兼具不同風格，造型是當代流行的淺反，刃文以霸氣的亂刃為主，他特別喜歡在刀身上雕刻佛教的元素，如劍、龍、梵紋、不動明王等。代表作是他在關東修行時打造的**山姥切國廣**。

長曾彌虎徹：新刀兩大橫綱的江戶代表人物。他原本是鎧甲師出身，後來前往江戶轉行鍛造刀劍。他的刀同樣是當代流行的淺反，彎幅極少，又稱為「棒反」。刀身偏寬，一路延伸到距離刀尖僅六寸（約二〇公分）的物打才開始變窄。刃文為霸氣的亂刃、夾雜丁子，雖然刃文帶著關東武士喜歡的沸，但在刃文中間又夾雜一點匂來展現個人特色。因為全國的武士都聚集在江戶，長曾彌虎徹的作品供不應求，被稱為是偽物最多的刀。

越前康繼：江戶幕府德川家御用的刀匠，原本在北陸的越前發展，受到德川家康的重用而遷移到江戶，受賜德川家康的「康」字與葵紋。他鍛造的刀是當代流行的淺反，刃文屬於醒目的大直刃。但是比起他鍛造的刀，刀劍愛好者更注重的是他修復的名刀。在戰國時代最終戰役大坂之陣，許多名刀被烈火侵蝕成為燒身，他以一流的技術將燒身再刃，可說是日本刀的醫生。

第四章

日本刀的鍛造與科學

浴火重生的現代日本刀

日本刀的鍛造技術有千年以上的歷史，直至現代仍非常流行，甚至被稱為世界冷兵器的巔峰傑作，在動畫、遊戲等二次元創造被賦予至高無上的地位。看完了刀和持有者的歷史故事，對日本刀有個基本的概念之後，接下來讓我們一起探究如何鍛造一振日本刀。這個流傳千年的技術，為什麼沒有被時代捨棄？日本刀的物理性質如何，和現代刀又有什麼差別呢？

日本刀的本質是刀械，不管在日本或是台灣都受到法律的約束。日本的刀匠要鍛造一振能夠登錄為美術品的日本刀，有許多必須遵守的規定。首先，刀匠需要經過五年的修行，通過日本文化廳的考核取得日本刀匠的資格。在鍛刀之前必須提出申請，以日本古法製造的玉鋼為原料。為了確保品質，刀匠一個月頂多只能鍛造兩振太刀或刀，或是三振短刀。

各位讀者看到這邊可能會覺得奇怪，為什麼鍛造一振刀有這麼多限制？為什麼日本刀要被登錄為美術品呢？其實現在看似風光的日本刀，在十九世紀明治時代的廢刀令之後曾發生傳承危機，加上第二次世界大戰之後，美軍主導的駐日盟軍總司令部認為人民不能私藏日本刀，許多名刀被強制集中管理，導致有一部分刀劍從此下落不明，甚至被銷毀。如果日本政府不做些什麼，日本刀的文化可能就要失傳。

為了保存日本刀與古法技術，日本政府在一九五八年訂定了《美術刀劍類製作承認規則》，讓日本刀從武器轉變為美術品。不僅持有者必須向政府登記，販賣時也必須提出美術品登記資料，就連鍛造日本刀都需要執照以及許可。所以歐美電視台的鍛刀節目上，用現代鋼製造的「武士刀」，既不是使用傳統材料，也不是以古法鍛造，就無法登記為美術品。接下來以認列為美術品的「日本刀」為前提，介紹日本刀的材料玉鋼，以及傳統鍛造法的七大流程。

日本刀的材料「玉鋼」

能夠被登錄為美術品的刀劍，必須採用傳統的鍛造方法，並使用古法製造的玉鋼來鍛造。目前由**日刀保踏鞴**與**日立金屬**合作，每年生產傳統玉鋼供刀匠使用。日立金屬除了支援生產玉鋼之外，同時以現代的冶煉技術，生產各種工業用的鋼鐵，或是高級廚刀所使用的黃紙鋼、白紙鋼、青紙鋼。這些都是品質優良且穩定的現代鋼，但是這些鋼材生產的刀就無法被登記為美術品。

日本傳統的冶鋼技術稱為「**踏鞴**（たたら／TATARA）」，日語發音為「達達拉」。如果看過吉卜力動畫電影《魔法公主》的讀者，可能會立刻聯想到黑帽大人的達達拉城。沒錯！達達拉城的語源就是踏鞴製鐵，「踏」是踩踏的意思，「鞴」則是風箱。所以在電影裡有許多女性踩著巨大的鼓風箱，就是為了要冶煉玉鋼以製造武器。但是因為冶煉玉鋼需要砍伐樹林，製作木炭當作燃料，而且冶煉與鍛造都需要使用大量的清水，對於環境的負擔很大，所以黑帽大人自然被獸神們視為敵人。

在現代也是如此，由於冶煉玉鋼對環境影響極大，目前由日本美術刀劍保存協會營運的日刀保踏鞴與日立金屬安來製造所，每年冶煉兩到三次玉鋼，提供原料給鍛造日本刀的刀匠。他們興建稱為高殿的高屋頂房舍，中央有一座長三公尺、寬十三公尺、高一·二公尺的熔爐，在熔爐的兩側有腳踩的天秤鞴，用以輸送空氣給熔爐。而在熔爐的底下，其實還有高三公尺左右的地下構造，底層有黏土與鵝卵石來阻絕熱能耗損，並且有通風管通風並調節濕度。冶煉玉鋼的工匠，必須三天三夜不斷觀測爐內溫度，定期將良質的鐵砂與木炭依序放入冶爐中加熱。

冶煉玉鋼必須花上三天三夜，使用約十三噸鐵砂與十三噸木炭。完成之後工匠得把熔爐打碎，才能取得精煉出來的玉鋼。如此費時耗力的工法，只能獲得二．五噸左右的粗鋼（鉧），粗鋼之中只有不到一噸的鋼能稱為玉鋼，大概只占原本鐵砂的**百分之七**。而且也不是所有的玉鋼都可以用來鍛造日本刀，得按照含碳量分出等級。含碳量是鋼的重要關鍵，含碳量過高的鋼太過堅硬而易碎，含碳量太低則容易受外力影響而彎曲。

相信各位讀者看到這裡，應該會對玉鋼這個材料感到訝異吧。燒製木炭要耗費森林的資源，工匠還得冒著眼睛受損的風險，長時間注視熔爐。為什麼不乾脆使用純淨且生產效率高的現代鋼呢？這是因為玉鋼是採用優良的鐵砂與木炭冶煉而成，容易鍛造熔接，而且具有美觀性。而用現代鋼打造的刀劍，儘管物理性質不會輸給玉鋼鍛造的刀，但無法像玉鋼鍛造的刀那樣，產生美麗的地肌。然而有傳聞說日立金屬的安來製造所，今後要停止生產玉鋼，未來日本刀會如何發展，也值得所有刀劍愛好者關心。

順道一提，漫畫《鬼滅之刃》藏有許多鍛冶的象徵。最明顯的就是，鍛造日輪刀的刀匠都戴上「火男」面具，而火男面具的造型和鍛冶關係密切，火男一張一閉的眼睛象徵觀看爐溫的動作，噘嘴的樣貌象徵用中空竹筒往火爐吹氣的動作。無獨有偶，歐洲希臘神話的鍛造之神赫菲斯托斯，他跛足紅髮的模樣也是象徵鍛冶。跛足象徵踩吹踏鞴向熔爐輸送空氣的動作，而他的助手獨眼巨人也象徵觀看火爐的動作，世界各地的鍛冶之神大多具備這兩項特徵。

在日本，火男又稱為爐灶之神。日本東北地方的民間傳說認為火男造訪的家庭會興盛，習慣在家中的爐灶旁懸掛火男面具。由此可見，《鬼滅之刃》的主角炭治郎之所以用「竈（灶）門」這麼獨特的姓，又以燒炭維生，應該都暗示了他與鍛冶的關係。還有日輪刀的原料「猩猩緋砂鐵」，應該就是象徵冶煉玉鋼的砂鐵。此外，日本有一種稱為「鐵穴流」的採鐵方法，利用水流與鐵砂的重量來區分砂鐵的品質，與漫畫中的角色「鐵穴森鋼藏」相呼應。

刀之「鍛造」

談完日本刀的原料之後，接下來看看一振日本刀如何誕生。日本刀的傳統鍛造法大致分成七大流程，因為這些技術沒有適當的中文詞彙能夠對應，因此會直接採用日文漢字做介紹，再解說其中的細節。

一、水減（水へし／MIZUHESHI）與小割（こわり／KOWARI）

能夠登錄為美術品的日本刀，必須使用玉鋼來鍛造。但是玉鋼是用鐵砂和木炭以古法煉製的金屬，裡面的含碳量不均勻，不像現代鋼那樣純淨。如果直接拿來鍛造日本刀，會造成刀的品質低落，甚至可能因為質地不均勻，在遭到撞擊後斷裂。因此鍛刀之前的第一步，就是要把手上的玉鋼依照含碳量多寡來做分類。要鍛造一振優良的日本刀，平均要準備十公斤左右的玉鋼，再從裡面挑出適當的材料，基本上用含碳量低軟鋼作為**心鐵**，保持刀劍的韌性；含碳量高的硬鋼則作為**皮鐵**，才能研磨出銳利的刀刃。

水減是將玉鋼放入鍛爐加熱，鍛打成厚度五～一〇公厘左右的鋼板，再放進水中急速降溫。接下來使用鐵鎚把水減之後的鋼板敲碎，而這個將鋼板敲成小碎片的動作，就稱為**小割**。簡單來說，容易敲碎的部位代表含碳量較高，這種比較硬的材質適合作為皮鐵及刃鐵；不容易敲碎的部位代表含碳量較低，這種比較軟的材質適合作為心鐵及棟鐵。

二、積沸（積み沸かし／TSUMIWAKASHI）

挑出含碳量較高且硬度較硬的玉鋼碎片，疊在上面附有長柄的玉鋼板上，樣子看起來很像在鍋鏟上堆疊巧克力碎片。因為鋼板會成為刀的一部分，也要使用玉鋼製作，不過長柄部分最後會被切斷，所以用普通的鐵也沒關係。為了不讓玉鋼碎片垮掉，會使用沾濕的和紙、稻草灰、泥水包覆在玉鋼外層，讓玉鋼均勻受熱，接下來放入鍛爐裡加熱。所謂的「積」是堆積玉鋼碎片，「沸」則是讓玉鋼加熱的意思。

三、摺疊鍛造（折り返し鍛錬／ORIKAESHI-TANREN）

玉鋼碎片在鍛爐加熱成塊之後，將炙熱的鋼塊放在鐵砧上鎚打，藉由鎚打高溫鋼塊噴出的火花，去除鋼塊的雜質並且調整含碳量。通常由師傅觀察鋼塊的溫度，兩三名徒弟負責鎚打鋼塊，這個動作稱為「**相鎚**」。一般鋼塊從鍛爐取出之後，大概敲打十次左右，就得重新送回爐中加熱。筆者曾經體驗過這一道工法，要舉起重達七公斤左右的鐵鎚，規律地敲打在鋼塊上真的是一件非常累人的事情。

有經驗的師傅會依照火花的顏色，判斷鋼塊是否已經去除雜質。接下來徒弟用長柄的鐵鏨將燒紅的鋼塊切成兩半，再把分成兩半的鋼塊疊合起來繼續鎚打。反覆進行十五次左右，不斷將鋼塊切成兩半再疊合，因此稱為摺疊鍛造。單純以數學來看，將鋼塊分開再疊合十五次，會產生二的十五次方，共計三萬兩千多層的層次。這道繁複的工序形成刀劍細緻的「地肌」，並且影響刀劍的韌性與硬度。

四、鍛造心鐵與鍛合（造り込み／TSUKURIKOMI）

日本刀有許多種鍛合的方法，最常見的是**甲伏鍛**。這是將第三步驟摺疊鍛造出來的玉鋼，鎚打成U字形的長條，用以作為刀劍外層的皮鐵，中間則包覆具有韌性的心鐵當作刀芯，接著放進鍛爐加熱並鎚打，讓兩種不同性質的鋼材緊密鍛合在一起。至於心鐵的做法，則是選用含碳量較低的玉鋼碎片，同樣以摺疊鍛造的方式鍛造出棒狀的心鐵，不過心鐵大概只需要摺疊鍛造五到七次。

除了甲伏鍛之外，還有只用一種鋼材鍛造的**丸鍛**，又稱為無垢鍛；或是使用三種不同特性的鋼材，除了皮鐵、心鐵之外，在刀刃另外使用刃鐵的**本三枚鍛**；又或是用四種不同特性的鋼材，除了皮鐵、心鐵、刃鐵之外，在刀背部位使用棟鐵的**四方詰鍛**。

五、素延（素延べ／SUNOBE）與火造（火造り／HITSUKURI）

刀匠將皮鐵與心鐵鍛合在一起之後，在外層淋上泥漿與稻草灰再送入鍛爐中加熱，鎚打成所需的長度，並將刀刃、刀莖的部分鎚打成刀胚的形狀，這個動作稱為**素延**。如果是甲伏鍛的刀，為了讓刀尖保持堅硬和銳利，會將前端斜切開來去除心鐵，再將最前端的皮鐵往心鐵的方向敲打成刀尖的形狀，如此一來便能確保刀尖的鋒利度。順道一提，如果是普通大賣場販賣的量產廚刀，是直接用沖床將鋼材壓出刀胚的形狀，省略前五個步驟。

完成刀胚之後，刀匠改用小鎚將燒熱的刀胚逐步鎚打出刀刃、刀背、刀稜等細節。刀的外型、刀的寬幅等各種外觀特色，都在這個階段完成雛形，這個步驟稱為**火造**。此時非常考驗刀匠的技術，因為刀的細部逐漸成形，鎚打刀刃左側就會讓另一側變形，必須時時調整兩側的平衡。筆者曾經體驗過火造，不管怎麼努力調整刀刃還是無法保持筆直，最後還是得靠有經驗的刀匠來修正。

火造完成之後，刀匠用刨刀與銼刀修整外型，最後用粗砥石將刀胚磨到平整。接下來就要進入刀劍鍛造最重要的步驟——熱處理。

六、土置（土置き／TSUCHIOKI）與燒入（焼き入れ／YAKI-IRE）

在第一章「刀之『刃文』」的段落曾經提過，刃文不僅影響刀的藝術價值，同時藉由溫度調整鋼的物理特性，是影響刀劍韌性與鋒利度的關鍵。而土置與燒入這兩個步驟，就是刃文成敗的重要關鍵。刀匠將刀胚磨到平整之後，將使用黏土、木炭及砥石粉調和出來的燒刃土，抹在刀胚上並送入鍛爐中加熱。塗抹燒刃土的工序稱為**土置**，放入火爐中加熱並放進冷水淬火的工序稱為**燒入**。

燒刃土是黏土、砥石粉、炭粉調和而成的泥漿，通常會調配兩種不同比例，分別用於刀刃與刀背。刀匠把燒刃土厚塗在刀背到鎬筋之間，維持溫度穩定來保持心鐵的韌性；另一方面將燒刃土薄塗在刀刃的位置，不僅能讓刀刃比刀背更快速升溫，放入冷水淬火的時候，也能夠更均勻且更快速地降溫。除此之外，刀匠可能會依照自己的經驗，在刀刃與刀背之間抹上條狀的燒刃土，這樣能加強刀刃和刀背之間的連結，更進一步強化刀的物理特性，同時也會增加刃文的藝術性。

抹好燒刃土之後，將刀重新放入鍛爐中加熱。筆者曾經在備前長船刀劍博物館，體驗土置與燒入的工法，這個時候刀匠會將鍛冶室的窗簾全部拉上，僅留下微弱的燈光照明。因為刀匠必須用肉眼觀察刀的顏色來判斷溫度變化，當薄塗燒刃土的刀刃與厚塗的刀背都呈現目標的顏色之後，再將刀從火爐中抽出，放入水中冷卻。由於溫度劇烈變化，鋼的內部結構產生堅硬的**麻田散鐵**，也就是構成刃文、沸、匂的關鍵。

「沸」與「匂」的差別，即在於「淬火（燒入）」這個步驟的溫度控制，由於水溫的高低造成刀劍的降溫速度不同，讓玉鋼內部的麻田散鐵與其他組織的分布產生變化，產生了「沸」與「匂」這兩個雙胞胎。通常在急速降溫的情況下，容易產生肉眼可見的**沸**；

如果將淬火所用的水溫稍微調高一些，就容易出現像是雲霧的匂。

淬火這道工序，通常是將刀刃部分加熱到八〇〇度左右，刀背加熱到七〇〇度左右。不過每個刀派有自己專屬的訣竅，例如備前傳的長船派、福岡一文字派通常加熱到七八〇度左右，能讓雲霧狀的匂比較明顯；相州傳則是加熱到八〇〇度左右，讓顆粒狀的沸比較明顯。

淬火看似容易，但是在過去是一件極為困難的技術，因為各地使用的玉鋼、木炭的品質不同，對於刀材的含碳量影響極大。各地的刀匠必須有觀察玉鋼溫度變化的眼力，而且當時沒有科學儀器輔助，淬火可以說是鍛造刀劍的最大難關，在古代非常依靠師徒的傳承。在鍛刀界有一個非常有名的小故事，傳說有學徒為了偷學技術，偷偷把手放進水中測溫度，結果被師傅一刀斬斷手腕。

以科學的角度來分析，刀的硬度取決於鋼的含碳量與溫度的變化。從外觀來看，我們只能看到刀放入鍛爐，顏色逐漸紅色變成橘色，放入水中急速冷卻時產生大量氣泡。但是如果用精密儀器檢查，會發現刀的鋼材產生了劇烈的變化。

抹上燒刃土的刀在鍛爐加熱時，當溫度超過「臨界溫度（玉鋼的臨界溫度約為攝氏七二三度）」，鋼會形成名為「沃斯田鐵」的結構，如果在這時候放入冷水急速降溫，「沃斯田鐵」會形成名為「麻田散鐵」的堅硬結晶結構，在刀身呈現細沙般的顆粒，而且降到常溫也不會消失。日本刀獨特而美麗的刃文、沸、匂，正是源自麻田散鐵與細波來鐵的混合組織。

古代日本沒有科學儀器能夠檢測含碳量與溫度變化，想讓鋼產生「麻田散鐵」，來增強硬度並提高鋒利度，這完全要依靠刀匠經驗的傳承與天賦。在世界各地都有擅長鍛冶的民族，但是技術可能因為戰火而失傳。日本同樣歷經了數次戰亂與政權更迭，卻能把鍛刀的技術延續到千年之後的現代，正是日本刀的可貴之處。

七、最終調整（SHIAGE／仕上げ）

在進行前項燒入步驟時，如果刀放入水中淬火的角度不對，很有可能會造成刀刃變形的問題，這時候必須重新調整。刀匠利用鍛爐的餘熱，將變形的刀身加溫到攝氏二〇〇度左右，再用鐵槌將刀身給鎚正。或是把加熱過的鐵塊靠在刀背上，利用局部加熱的方式來調整刀的彎幅。也有刀匠使用砂輪機與鎚，將刀調整成自己期望的形狀。接下來決定是否要鑿刻溝槽（樋）、刀身上是否要雕刻。經過初步研磨，鑽出目釘孔並且刻上刀銘，才算完成一把日本刀的刀身。

八、其他步驟

刀匠鍛造了日本刀的刀身，接下來由研磨師利用由粗到細共計六種以上的砥石，研磨出地肌的質感與刃文。另外還要製作名為「**鎺**（HABAKI）」的U型銅片，包覆在刀刃與刀莖之間，確保收刀入鞘的時候不會鬆動滑落，或是刮傷刀身。

除此之外，會依照需求製造適合的刀裝。刀鞘分為**白鞘**和**袴**，前者可以說是刀的居家服，後者是刀的禮服。通常將刀收在白鞘之內保存。製造白鞘需要使用存放十年的朴木，避免木材中多餘的水分讓刀身生鏽，並且只能使用飯粒磨成糊狀當作接著劑，不能使用化學膠來固定。如果要打造袴，除了請鞘師削製刀鞘，還要請塗師為刀鞘上漆與裝飾、金工師打造刀鍔、目貫等各種飾品，柄卷師用鮫皮與扁繩裝飾刀柄等，工序繁複。

燒身與再刃的技術

日本刀採用皮鐵包覆心鐵的鍛合法來鍛造刀劍，藉由調整溫度與含碳量，製造出具有韌性的刀芯，以及堅硬適合研磨開鋒的刀刃。基於熱脹冷縮的原理，兩種不同特性的鋼材在加熱時會產生不同方向的應力拉扯，讓日本刀呈現彎曲的模樣。根據室蘭工業大學名譽教授臺丸谷政志的說法，刀劍經過熱處理之後，刀劍內的殘留應力是讓日本刀能更強韌的隱性原因，但也成為再刃的難題。

如果日本刀遭遇到嚴重的火災，經過高溫長時間加熱，很有可能從有彎度的刀，變回熱處理前筆直的刀胚。最有名的例子就是坂本龍馬的愛刀陸奥守吉行，這振刀因為遭遇火災，變回了不帶彎幅的直刀。這種受到大火影響的刀稱為**燒身**。歷史上有幾場大火，讓許多名刀成為燒身，最有名的是一六一五年的**大坂冬之陣**，許多收藏在大坂城的名刀成為燒身；另一個是一六五七年的**明曆大火**，讓半個江戶都陷入火海。

受到火災影響的燒身，不僅刀的彎幅改變、外觀變得焦黑，還會讓原有的刃文消失，甚至在刀身產生不可預測的斑點。在本章的「土置與燒入」段落提到，刀劍是在加熱與淬火時，因為溫度變化讓鋼材形成了麻田散鐵的結構，而產生刃文。但是火災的高溫會讓鋼材的內部構造再次產生不可預測的變化，不僅破壞原有的麻田散鐵，甚至可能讓鋼材喪失原有的物理特性。此外，火災現場的雜質也很有可能附著在刀身上。

如果要讓燒身重現風采，必須要重新進行熱處理（燒入）作業，稱為「**再刃**」。然而這是一件有風險的事情，並非每個刀匠都有能力掌控，因為火災的高溫可能會影響刀的含碳量，加上火災時附著在刀身的雜質等，都可能導致刀身在再刃時產生裂痕。甚至刀匠可能需要將刃口磨掉，此舉使再刃之後的刀身變得更窄，而太薄的刃口沒辦法承受再刃時產生的應力，也可能會造成刃口產生裂痕。

即使成功復原了刀的外觀，鋼材本身也已受到嚴重影響，刀的強度、韌性、鋒利度等物理特性很可能會大打折扣。在大坂冬之陣後，德川家康命令御用刀匠越前康繼，將燒身的一期一振、骨喰藤四郎再刃，應該是看重其歷史意義與美術價值，而非實用。

目前最受注目的燒身是備前長船刀派的名刀燭台切光忠，這振刀在一九二三年的關東大地震成為燒身，歷經百年仍然沒有再刃。期待哪一天能夠經由名匠之手重現風采。

附錄　刀劍聖地之旅

在台灣觀賞日本刀

相信對於日本刀有興趣的讀者，應該會很想親眼鑑賞留名青史的名刀吧。在台灣，要找一間同時展示最多振日本刀的博物館，應該是台南的奇美博物館。館內一樓的兵器廳，收藏著世界各地的鎧甲與武器，除了日本武士的鎧甲之外，另外有二十振以上的日本刀、和弓、十文字槍等各種古代兵器。但是因為館內的藏品太多，無法個別在說明牌上仔細介紹，建議最好先對刀姿、刃文、地肌有基本認識之後，再前往博物館鑑賞，必定會更有收穫。

除了奇美博物館之外，有時故宮與日本博物館的交流展也非常值得注意。故宮南院曾經舉辦《日本美術之最》特展，當時粟田口藤四郎吉光鍛造的短刀毛利藤四郎與來國光都有展出，能夠悠哉在展櫃前欣賞名刀，真的是非常享受的一件事。

除了觀賞名刀之外，台灣有許多刀鋪代理日本刀進口。也有幾位年輕有抱負的刀匠創立工坊，讓有興趣的人能夠體驗鍛造日式廚刀、露營刀，或是參觀日本刀鍛造的部分過程。但是請各位讀者一定要謹記應有的禮節與注意事項，關於鑑賞刀劍的禮節，可參考第一章的介紹。筆者曾經在台北的工坊，用現代鋼鍛造廚刀並燒製刃文。體驗鍛造、塗抹燒刃土、淬火、刻刀銘、研磨廚刀等各種步驟。雖然疲憊但是很有成就感，許多在書本上不能理解的問題，能夠在實際操作中找到答案，真的是一件讓人很開心的事情。

在日本鑑賞名刀

近年受到以《刀劍亂舞》為首的遊戲，還有其他二次元創作的影響，日本掀起了一陣刀劍的熱潮。許多史上留名的名刀，在各地的博物館亮相展覽。但是不少名刀是國寶、重要文化財，經常只能在博物館的特展才能一探廬山真面目。除了特定刀劍之外，建議各位讀者特別關注東京國立博物館、京都國立博物館、九州國立博物館，這些大型的博物館藏品眾多，而且交通也方便，即使沒有舉辦特展的時候，也能在館內鑑賞各種不同時代的日本刀。

除了以上三間國立博物館之外，筆者另外推薦兩個大城市內交通方便的博物館，以及兩個可以體驗日本刀鍛冶的博物館。

首先是位在東京墨田區的刀劍博物館，搭乘ＪＲ總武線或是都營地下鐵大江戶線，在兩國站下車後步行約十分鐘即可抵達，附近還有江戶東京博物館、墨田北齋美術館等值得一看的設施，是筆者每次去東京必定造訪的地區。東京墨田的刀劍博物館，一樓的展場與販賣部可以免費入場，有時能在販賣部購買玉鋼的碎片；二樓的展區則不定期換展，雖然不見得每次都能鑑賞到歷史有名的刀劍，但是刀劍博物館的展覽非常用心，有時會舉辦刃文鑑賞、地肌鑑賞的特展，對於培養刀劍鑑賞的眼力非常有幫助。

刀劍博物館

地址：東京都墨田區橫網一丁目12番9號
開館時間：早上九點半至下午五點（最後入館時間爲下午四點半）
休館日：每週一休館（週一適逢假日則改休週二），換展期間及新年期間休館
入館費用：全票1000日圓
交通方式：JR電車總武線「兩國」站下車，步行約10分鐘
地下鐵都營大江戶線「兩國」站下車，步行約5分鐘

第二個是名古屋市的德川美術館，這間博物館是由德川黎明會營運的博物館，收藏著許多德川幕府御三家──尾張德川家的寶物。本書提到的鯰尾藤四郎、山姥切長義（本作長義）、後藤藤四郎、五月雨江、傳．菊一文字、物吉貞宗都收藏在這裡，除此之外還有山城傳、相州傳、備前傳著名刀匠的名刀。搭乘JR或是名古屋市營地下鐵到大曾根站，步行約二十分鐘。或是搭乘公車到德川園皆可。而且德川美術館的官方網站，還有繁體中文頁面，是一個非常親切且設施完善的博物館。

建議有意前往名古屋的讀者，可以先上網查看看有沒有的特展，說不定可以碰上自己想要觀賞的名刀。即使沒有特展，一般常設展的藏刀也都值得一看。名古屋是戰國三英傑織田信長、豐臣秀吉、德川家康的相關地點，周遭還有許多史蹟與博物館可以參觀。

德川美術館

地址：名古屋市東區德川町１０１
開館時間：早上十點至下午五點（最後入館時間為下午四點半）
休館日：每週一休館（週一適逢假日則改休週二）；新年期間休館
入館費用：全票１４００日圓
交通方式：名古屋市營地下鐵「大曾根」站下車，步行約２０分鐘

第三個是備前長船刀劍博物館。這間博物館雖然交通不算方便，距離最近的車站也要三公里以上，筆者當時從姬路搭電車花了一個多小時到長船站，再利用當地的計程車前往博物館。不過這間博物館保存了備前傳的刀劍鍛冶技術，非常值得一看。園內除了展示刀劍的展館之外，還設有鍛刀場、雕金工房、研磨工房、柄卷工房等設施，可以實

際看到日本刀從鍛造到製作刀裝的所有流程。此處也是最積極推廣刀劍鍛冶的博物館，曾經與《戰國無雙》、《新世紀福音戰士》等作合作，靠者日本刀的鍛造技術讓二次元的創作成為真實。若想理解日本刀的製作流程，非常建議走一趟。

筆者曾經在備前長船刀劍博物館，體驗古法小刀的土置、燒入、研磨的體驗課程。能夠接受刀匠協助燒製刃文及淬火，真的非常難得。刀匠會將鍛刀場的窗簾全部拉上，用肉眼確認刀溫，並且使用冷水來淬火。雖然包含筆者的十位體驗者中，有五個人因為淬火的角度不對導致小刀的刀刃歪掉，但是能夠親身體驗真的是一件很棒的事情，刀匠也會協助體驗者將歪掉的刀調整回來。

備前長船刀劍博物館

地址：瀨戶內市長船町長船966番地
開館時間：上午九點至下午五點（最後入館時間為下午四點半）
休館日：每週一休館（週一適逢假日則改休週二）；國定假日隔天及新年期間休館
入館費用：全票500日圓
交通方式：JR電車赤穗線「長船站」下車，轉搭計程車約15分鐘第四個是岐阜縣的關鍛冶傳承館，這是交通最不方便的地方。必須要搭乘私鐵的長良川鐵道，私鐵的票價比一般地下鐵貴，地點又稍嫌偏遠，比較建議自駕旅遊者前往。關鍛冶傳承館位在岐阜縣關市，是五箇傳美濃傳的重要據點，這裡除了有博物館可以參觀日本刀與鍛冶過程之外，還有許多刃物店可以購買水準精良的各式廚刀，是購買廚刀的最佳地點。對於單純想要欣賞日本刀的人來說，三大國立博物館、東京墨田的刀劍博物館可能比較適合。但是如果想了解鍛冶並且購買刀具的人，岐阜的關市則是第一推薦的好地方。

關鍛冶傳承館

地址：岐阜縣關市若草通三丁目一番地
開館時間：上午九點至下午四點半（最後入館時間為下午四點）
休館日：每週二休館，國定假日隔天及新年期間休館
入館費用：全票300日圓
交通方式：長良川鐵道「刃物會館前」站下車，步行約3分鐘

參考書目

《日本刀の鑑定と鑑賞》　常石英明　著／金園社
《図解日本刀事典》　歴史群像編集部　編／学研プラス
《特別展　京のかたな》　京都国立博物館（２０１８年特展圖鑑）
《備前一文字》　財団法人佐野博物館（２００７年特展圖鑑）
《写真で覚える日本刀の基礎知識Ⅰ、Ⅱ》　全日本刀匠会
《日本刀の科学》　臺丸谷政志　著／ＳＢクリエイティブ
《刀と首取り―戦国合戦異説》　鈴木眞哉　著／平凡社
《刀の日本史》　加来耕三　著／講談社
《國家地理精工系列：日本刀―全面剖析日本刀的鍛造與鑑賞藝術》　大石國際文化

圖片出處

PIXTA：第 11、24、37、227、247 頁；國立國會圖書館：第 14 頁（《日本刀大観・上巻》）；國文學研究資料館：第 105 頁（《単騎要略被甲辨》）

SPOT 30

日本刀劍物語

作者／月翔
責任編輯／陳柔君
編輯協力／柴犬（張竣崴）
封面設計／林育鋒
內頁設計／汪熙陵
排版／簡單瑛設

出版／英屬蓋曼群島商網路與書股份有限公司臺灣分公司

發行／大塊文化出版股份有限公司
105022 臺北市南京東路四段 25 號 11 樓
www.locuspublishing.com
服務專線／ 0800-006-689
電話／（02）8712-3898
傳真／（02）8712-3897
郵撥帳號／ 1895-5675
戶名／大塊文化出版股份有限公司

法律顧問／董安丹律師、顧慕堯律師

總經銷／大和書報圖書股份有限公司
地址／新北市新莊區五工五路 2 號
電話／（02）8990-2588

初版一刷／ 2021 年 12 月
初版五刷／ 2024 年 3 月
定　價／新台幣 380 元
ISBN ／ 978-626-7063-02-6

國家圖書館出版品預行編目 (CIP) 資料

日本刀劍物語 / 月翔作 . -- 初版 . -- 臺北市 : 英屬蓋曼群島商網路與書股份有限公司臺灣分公司 , 2021.12
280 面 ; 14.8x21 公分 . -- (Spot ; 30)

ISBN 978-626-7063-02-6(平裝)

1. 刀 2. 文化史 3. 日本

472.9　　110018698